心理学实验软件 Inquisit 教程

冯成志 编著

北京大学出版社
PEKING UNIVERSITY PRESS

图书在版编目(CIP)数据

心理学实验软件 Inquisit 教程/冯成志编著. —北京：北京大学出版社，2009.9
ISBN 978-7-301-15836-4

Ⅰ.心… Ⅱ.冯… Ⅲ.计算机应用－实验心理学－高等学校－教材 Ⅳ.B84-39

中国版本图书馆 CIP 数据核字(2009)第 167622 号

本书中所提到的从 http：//www.millisecond.com/redist/spchapi.exe 下载的微软语音识别应用程序和从 http：//www.millisecond.com/redist/mscsrgpcl.exe 下载的微软语音识别引擎以及从 http：//www.millisecond.com 下载的 Inquisit 3.0 免费试用版均得到 Millisecond Software LLC 授权。如需了解该软件详细情况，请登陆 Millisecond Software LLC 网站：http：//www.millisecond.com。

书　　　　名：心理学实验软件 Inquisit 教程
著作责任者：冯成志　编著
责 任 编 辑：王　华
标 准 书 号：ISBN 978-7-301-15836-4/TP·1057
出 版 发 行：北京大学出版社
地　　　　址：北京市海淀区成府路 205 号　100871
网　　　　址：http://www.pup.cn
电 子 信 箱：zpup@pup.pku.edu.cn
电　　　　话：邮购部 62752015　发行部 62750672　编辑部 62752038　出版部 62754962
印 　刷　 者：涿州市星河印刷有限公司
经 　销　 者：新华书店
787 毫米×980 毫米　16 开本　19 印张　300 千字
2009 年 9 月第 1 版　2013 年 8 月第 2 次印刷
定　　　价：38.00 元

未经许可，不得以任何方式复制或抄袭本书之部分或全部内容。
版权所有，侵权必究
举报电话：(010)62752024　电子信箱：fd@pup.pku.edu.cn

内 容 简 介

Inquisit 是目前最流行的心理学实验系统和常用心理学统计软件之一，Inquisit 现在 5 大洲超过 1200 个研究机构正在使用。Inquisit 是全世界行为科学家选择用于创建丰富调查和量表，反应时任务，信号检验测量，内隐态度测验，以及认知、注意和记忆等方面实验的工具。它具有精度高、开放式反应、扩展性强、支持语音识别等特点，其独特功能在于可通过网络收集实验数据并对数据加密，支持基于互联网的实验。从结构和复杂性来看，在 Inquisit 中定义实验对象如同编辑 HTML 文件一样而轻松。

本书是国内第一本讲解心理学实验软件编程的教材，根据作者多年的编程经验写作而成。全书共分六章，主要介绍了 Inquisit 的脚本语言、程序的编辑、实验程序的编制、实验的运行、调查的编制、程序的调试和数据文件格式及与 ASL 眼动仪的连接等内容，教材中提供了大量的实验示例程序，包括奇偶判断（可扩展为 SNARC 和 Simon 效应）、心理旋转实验、部分报告法、Stroop 效应、变化视盲、外在情感性西蒙任务、内隐联想实验、加减法速算、再认测验、时间估计、自由联想测验、自尊量表、对偶联合回忆、图片辨析、威斯康星卡片分类测验、问卷调查、选择反应时、似动现象、数字记忆广度、视觉搜索等实验，同时还附有 90 多道习题来帮助学生巩固对 Inquisit 实验软件的学习。

本书可供高等院校心理学、教育学、社会学、体育学、医学等专业本科生、研究生的教材，亦可以作为培训或自学用教材。

前　言

随着计算机技术的发展和普及,计算机不但在人类生活的方方面面扮演着重要的角色,在心理学研究中也发挥着重要的作用,对各种刺激的产生与控制、对实验过程的精确而灵活的控制以及实验数据的记录和分析方面均体现出计算机的优势所在。如果要充分发挥计算机在心理学实验中的作用,则需要研究者深谙相关的编程知识,具有丰富的诸如 C、Basic、Matlab 或 Java 等计算机语言的编程经验。不少研究者和心理学专业的学生在有了实验设计的思路后,常常感觉实现起来非常困难,于是请计算机专业的学生来帮助他们完成实验,专业背景知识的不同一定程度上成为双方沟通和交流的障碍,使得研究或实验效率下降。

作者在实际的教学和科研中也遇到类似的情况,随着心理学在现实生活中的影响,越来越多的人对心理学非常感兴趣,不管出于何种原因,许多非理科背景的本科生涌入到心理学专业的研究生队伍中,他们(包括本科生在内)有的对心理学实验充满了好奇,但由于自己原先的学科背景,最终会望而却步。为了让研究者全身心地投入到实验设计而不是纠缠于计算机技术,许多公司和科研机构开发了用于心理学实验的专用软件,例如,NBS 公司的 Presentation,Psychology Software Tools 公司的 E－Prime,Millisecond Software 公司的 Inquisit,Arizona 大学的 DMDX 等。这些实验软件的出现对于缺少编程知识和经验的研究者和学生确实起了极大的鼓舞作用。其中 Inquisit 是一款短小精悍但功能强大的心理学实验软件,在众多的专业化心理学实验软件中占有重要的地位。在以往的实验教学中,作者也只是让学生运行已经编制好的实验程序,学生知其然,但不知其所以然。为了提高学生的实验能力,作者感觉非常有必要编写一本相关的使用教材,把作者的编程经验毫无保留地传授给学生,这正是本书撰写的最初始的动机。本书重新调整以适应最新的 Inquisit 4 实验软件,但限于作者水平有限,加之时间仓促,恳请读者对于本书中不足之处进行批评指正,同时也欢迎使用本教材的教师、学生和其他读者提出宝贵意见。

在本书的撰写过程中,直接或间接地得到了多方面人士的帮助。浙江大学的沈模卫教授对此书的撰写工作给予极大的鼓励,贾凤芹和冯甘霖女士在文字的校对和实验的验证方面做出了重要贡献,我的研究生冯霞和刘荣在实验图片刺激和文字的校译上给予了实质性的帮助。Millisecond Software 公司的创立者 Sean Draine 博士总能快速地回复本人的信件,对于本书的撰写给予全方位的支持。此外,北京大学出版社的徐少燕、陈小红和王华编辑在本书的审订工作中,特别是王华编辑对于整个书稿的结构提出了宝贵的修改意见,在编辑中付出了艰辛的劳动和努力。在此一并表示衷心的感谢。

冯成志

fengchengzhi@suda.edu.cn

2009 年 7 月 30 日

目 录

第一章 Inquisit 软件介绍 ………………………………………………………… (1)
  1.1 安装与启动 ………………………………………………………………… (1)
    1.1.1 安装 …………………………………………………………………… (1)
    1.1.2 启动 …………………………………………………………………… (3)
    1.1.3 语音识别引擎的安装 ………………………………………………… (4)
  1.2 Inquisit 实验软件主界面组成与简介 …………………………………… (6)
    1.2.1 File 菜单 ……………………………………………………………… (7)
    1.2.2 Edit 菜单 ……………………………………………………………… (7)
    1.2.3 View 菜单 ……………………………………………………………… (8)
    1.2.4 Insert 菜单 …………………………………………………………… (9)
    1.2.5 Experiment 菜单 ……………………………………………………… (9)
    1.2.6 Data 菜单 ……………………………………………………………… (9)
    1.2.7 Tools 菜单 ……………………………………………………………… (10)
  1.3 Inquisit 脚本语言 ………………………………………………………… (13)
    1.3.1 标记符 ………………………………………………………………… (15)
    1.3.2 参数 …………………………………………………………………… (18)
    1.3.3 赋值 …………………………………………………………………… (18)
    1.3.4 对象(变量)名 ………………………………………………………… (18)
    1.3.5 对象的引用 …………………………………………………………… (18)
    1.3.6 属性的引用 …………………………………………………………… (19)
    1.3.7 注释 …………………………………………………………………… (19)
  1.4 Inquisit 程序编辑 ………………………………………………………… (20)
  习题 ……………………………………………………………………………… (24)

第二章 Inquisit 实验编制 ………………………………………………………… (25)
  2.1 默认指导语程序示例 ……………………………………………………… (27)
    2.1.1 〈expt〉标记符 ………………………………………………………… (28)
    2.1.2 〈page〉标记符 ………………………………………………………… (33)
    2.1.3 默认格式指导语 ……………………………………………………… (33)
  2.2 定制指导语程序示例 ……………………………………………………… (34)
    2.2.1 〈instruct〉标记符 …………………………………………………… (35)

2.2.2 定制指导语 ……………………………………………………………… (36)
2.3 自定义指导语程序示例 …………………………………………………… (37)
2.3.1 〈item〉标记符 ……………………………………………………… (37)
2.3.2 〈text〉标记符 ……………………………………………………… (38)
2.3.3 〈trial〉标记符 ……………………………………………………… (39)
2.3.4 〈block〉标记符 …………………………………………………… (42)
2.3.5 自定义指导语 ………………………………………………………… (44)
2.4 网页型指导语程序示例 …………………………………………………… (46)
2.4.1 〈htmlpage〉标记符 ………………………………………………… (46)
2.4.2 〈defaults〉标记符 ………………………………………………… (46)
2.4.3 网页型指导语 ………………………………………………………… (48)
2.5 第一个实验(奇偶判断)程序示例 ………………………………………… (49)
2.6 加入注视点和反馈程序示例 ……………………………………………… (51)
2.7 图片显示(心理旋转实验)程序示例 ……………………………………… (54)
2.7.1 〈picture〉标记符 …………………………………………………… (55)
2.7.2 心理旋转实验 ………………………………………………………… (56)
2.8 使用声音(部分报告法1)程序示例 ……………………………………… (58)
2.8.1 〈sound〉标记符 …………………………………………………… (59)
2.8.2 〈shape〉标记符 …………………………………………………… (59)
2.8.3 部分报告法1 ………………………………………………………… (60)
2.9 屏幕输入答案(部分报告法2)程序示例 ………………………………… (68)
2.9.1 〈textbox〉标记符 …………………………………………………… (68)
2.9.2 〈surveypage〉标记符 ……………………………………………… (69)
2.9.3 部分报告法2 ………………………………………………………… (71)
2.10 语音反应(Stroop效应)程序示例 ……………………………………… (78)
2.11 使用视频(变化视盲)程序示例 ………………………………………… (83)
2.11.1 〈video〉标记符 …………………………………………………… (83)
2.11.2 变化视盲 …………………………………………………………… (84)
2.12 平衡设计(外在情感性西蒙任务)程序示例 …………………………… (86)
2.12.1 外在情感性西蒙任务1 …………………………………………… (86)
2.12.2 〈variables〉标记符 ……………………………………………… (94)
2.12.3 外在情感性西蒙任务2 …………………………………………… (95)
2.13 绩效显示(内隐联想测验)程序示例 …………………………………… (100)
2.13.1 〈counter〉标记符 ………………………………………………… (101)
2.13.2 内隐联想测验 ……………………………………………………… (101)

2.13.3 改进的部分报告法 1 ·· (112)
2.14 函数使用(10 以内加减法速算)程序示例 ································ (116)
 2.14.1 〈values〉标记符 ·· (116)
 2.14.2 〈expressions〉标记符 ·· (117)
 2.14.3 加减法速算 ··· (117)
2.15 程序组合(再认测验)程序示例 ·· (121)
 2.15.1 〈batch〉标记符 ·· (121)
 2.15.2 再认测验法 ··· (121)
2.16 引用其他程序文件中的对象程序示例 ···································· (127)
 2.16.1 〈include〉标记符 ·· (128)
 2.16.2 储存负荷对短时记忆的影响 ······································ (128)
2.17 设定时间窗(时间估计)程序示例 ·· (136)
 2.17.1 〈response〉标记符 ·· (136)
 2.17.2 时间估计 ·· (137)
2.18 利克特量表(自尊量表)程序示例 ·· (140)
 2.18.1 〈likert〉标记符 ·· (140)
 2.18.2 自尊测验 ·· (142)
2.19 开放式问题(自由联想测验)程序示例 ·································· (144)
 2.19.1 〈openended〉标记符 ·· (144)
 2.19.2 自由联想测验 ·· (146)
2.20 刺激关联(对偶联合回忆)程序示例 ····································· (148)
2.21 鼠标反应(找茬)程序示例 ·· (152)
2.22 鼠标操作(威斯康星卡片分类测验)程序示例 ························· (156)
2.23 列表对象(视觉搜索)应用示例 ··· (171)
 2.23.1 〈list〉标记符 ··· (171)
 2.23.2 视觉搜索 ·· (171)
2.24 时钟示例 ··· (179)
 2.24.1 〈clock〉标记符 ·· (179)
 2.24.2 动画时钟 ·· (180)
习题 ·· (183)

第三章 调查的编制 ·· (186)
3.1 〈caption〉标记符 ·· (186)
3.2 〈checkboxes〉标记符 ··· (186)
3.3 〈dropdown〉标记符 ··· (188)
3.4 〈image〉标记符 ·· (189)

3.5 〈listbox〉标记符 ·· (189)
3.6 〈radiobuttons〉标记符 ·· (190)
3.7 〈slider〉标记符 ·· (191)
3.8 〈survey〉标记符 ··· (192)
3.9 问卷调查(外来务工人员生活状况)程序示例 ····························· (194)
3.10 改进的自尊测验(加入个人信息)程序示例 ································ (197)
3.11 反应决定显示内容(城市喜好调查)程序示例 ···························· (200)
习题 ·· (202)

第四章 程序的运行与调试 ··· (203)
4.1 程序的运行 ··· (203)
　4.1.1 界面运行 ·· (203)
　4.1.2 直接运行 ·· (203)
　4.1.3 命令行运行 ·· (204)
　4.1.4 批处理文件运行 ·· (205)
　4.1.5 程序的中途退出 ·· (206)
4.2 程序调试 ··· (206)
　4.2.1 〈monkey〉标记符 ·· (206)
　4.2.2 运行某个对象 ·· (207)
　4.2.3 常见错误类型 ·· (207)
4.3 数据文件 ··· (209)
　4.3.1 数据文件格式 ·· (209)
　4.3.2 自定义数据格式 ·· (210)
　4.3.3 数据文件的合并 ·· (212)
　4.3.4 数据文件的加密 ·· (212)
习题 ·· (213)

第五章 连接眼动仪 ··· (214)
5.1 向眼动仪发送数据 ·· (214)
5.2 向眼动仪传送数据程序示例 ·· (215)
5.3 眼动仪向 Inquisit 发送数据 ·· (217)
5.4 接收眼动仪数据程序示例 ·· (218)
习题 ·· (223)

第六章 对象属性 ··· (224)
6.1 引用对象属性 ··· (224)
6.2 系统属性 ··· (224)
　6.2.1 系统属性列表 ·· (224)

目 录

- 6.3 属性示列 ·· (226)
  - 6.3.1 系统信息程序示例 ··· (226)
  - 6.3.2 选择反应时(听觉通道)程序示例 ································ (227)
- 6.4 实验构成元素属性 ··· (230)
  - 6.4.1 各元素属性列表 ·· (230)
  - 6.4.2 显示汇总信息(似动现象)程序示例 ··························· (245)
  - 6.4.3 代码精简的似动现象程序示例 ··································· (250)
  - 6.4.4 根据反应作出判断(数字记忆广度)程序示例 ············· (252)
- 6.5 调查构成元素属性 ··· (257)
  - 6.5.1 调查构成元素属性及注解 ·· (257)
  - 6.5.2 个人信息调查表程序示例 ·· (264)
- 6.6 数据对象属性 ·· (266)
- 习题 ·· (267)
- 附录一 键盘各按键的扫描码 ··· (268)
- 附录二 鼠标按键的事件名称 ·· (269)
- 附录三 Inquisit 数学函数列表 ·· (270)
- 附录四 Inquisit 选择函数 ··· (272)
- 附录五 Inquisit 字符串函数 ·· (274)
- 附录六 Inquisit 统计函数 ··· (276)
- 附录七 Inquisit 中的常量 ··· (278)
- 附录八 Inquisit 数学运算符 ·· (279)
- 附录九 Inquisit 比较运算符 ·· (280)
- 附录十 Inquisit 赋值运算符 ·· (281)
- 附录十一 Inquisit 逻辑运算符 ·· (282)
- 附录十二 Inquisit 条件语句 ·· (283)
- 附录十三 预定义颜色名及相关属性 ··· (284)
- 附录十四 附带文件说明 ·· (288)
  - 程序文件 ··· (288)
  - 图片文件 ··· (289)
  - 视频文件 ··· (290)
  - 音频文件 ··· (291)
  - 其他文件 ··· (291)
- 参考文献 ··· (292)

第一章 Inquisit 软件介绍

1.1 安装与启动

1.1.1 安装

运行安装程序 Inquisit_4030.exe 后,出现如图 1-1 所示的界面,然后单击"Next"按钮,出现图 1-2,在其中选中"I accept the terms in the license agreement",然后单击"Next"按钮。

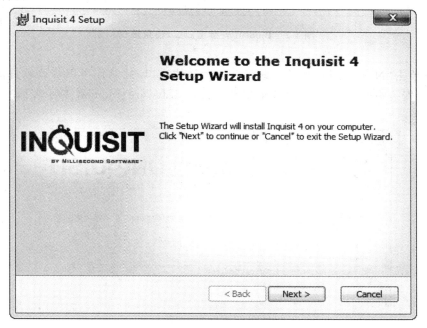

图 1-1 Inquisit 安装窗口一

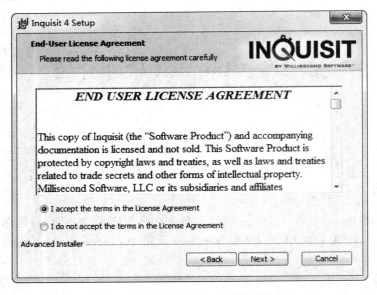

图 1-2　Inquisit 安装窗口二（使用协议）

继续单击"Next"按钮,接着出现图 1-3 所示的窗口,此时你可以修改软件的安装目录,默认会安装在 C:\Program Files\Millisecond Software\Inquisit 4 目录下。

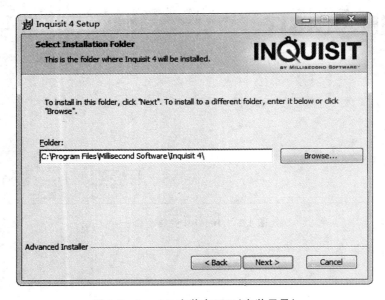

图 1-3　Inquisit 安装窗口三（安装目录）

此处我们使用缺省的安装目录（如果要更改安装目录，可以单击"Browse…"按钮，在出现的对话框中设置新的安装目录，一般不需要调整）；单击 Next 按钮后，出现安装进度对话框（此过程大约需要十几秒钟）；最后出现如图 1-4 所示的窗口，表明程序安装成功。

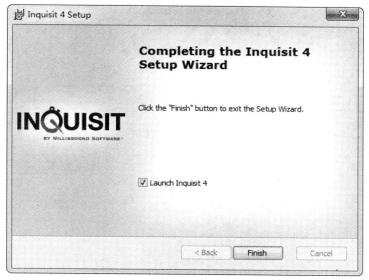

图 1-4　Inquisit 安装窗口四（安装成功）

如果需要在机房的多台计算机上安装 Inquisit，可以通过静默安装方式来自动安装，而不需要上述各项设置，其步骤如下：

（1）在命令行状态下输入以下命令："Inquisit_4030.exe /T:'C:\tmp' /C"，然后敲回车，则将安装包中的 InquisitWin32.msi 和 InquisitX64.msi 文件提取至 C:\tmp 目录下，如果目录不存在，则创建该目录（注意输入上述命令时，一定要位于 Inquisit_4030.exe 文件所在的目录下，否则需要加全路径名称）。

（2）然后转入到 InquisitWin32.msi 文件所在的目录下（以上述操作为例为 C:\tmp 目录），在命令行状态下输入："InquisitWin32.msi /qn"，然后敲回车，则 Inquisit 采用默认设置自动完成安装，不会要求你输入或设置任何信息。

1.1.2　启动

安装完成后，会在程序组中加入 Inquisit 4 菜单项，如图 1-5 所示依次选择"开始"→"所有程序"→"Inquist 4"→"Inquist 4"，则启动心理学实验软件程序 Inquisit，启动后的界面如图 1-6。

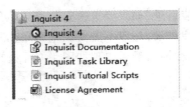

图 1-5 Inquisit 启动菜单

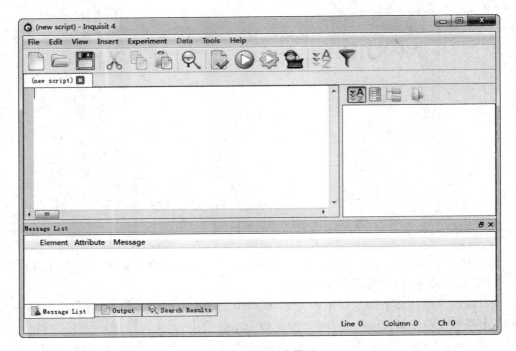

图 1-6 Inquisit 主界面

1.1.3 语音识别引擎的安装

Inquisit 利用微软的语音识别引擎（Microsoft Speech Recognition Engine）可以获取语音反应时并进行语音识别，在使用语音识别前必须安装语音识别引擎 5.0 版本和应用程序编程接口（Application Programming Interface，API）。如果你没有安装上述内容，则 Inquisit 提供的语音识别功能将无法使用。

安装微软语音识别应用程序编程接口，运行附带光盘中 SpeechSetup 目录下的 spchapi.exe 文件（或从下面网站 http://www.millisecond.com/download/redist/IQSpeechChina.msi 下载）。

首先弹出如图 1-7 所示的 Inquisit 语音识别组件安装向导，单击"下一步"，则进行文件的复制与安装（图 1-8），直至安装完成。

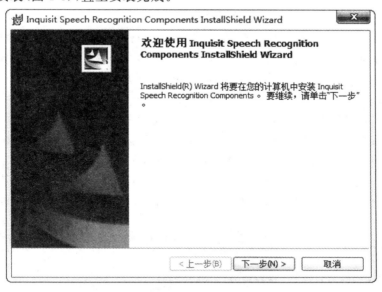

图 1-7　Inquisit 语音识别组件安装向导

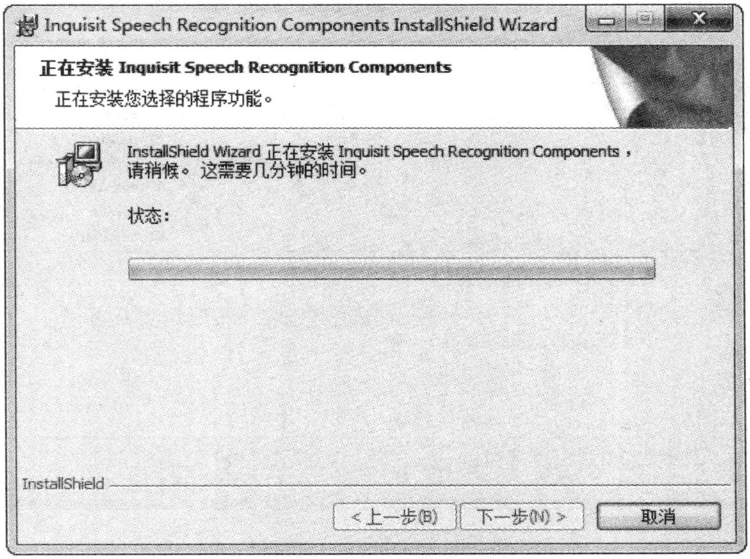

图 1-8　Inquisit 语音识别组件安装进程

1.2 界面组成与简介

　　Inquisit 界面的构成相对比较简单，除菜单和工具栏外，主界面分为三个窗格，①其中左上角窗格为主窗格用于显示和编辑实验程序(脚本窗口)；②右上角窗格为脚本浏览窗格，主要显示当前脚本程序所定义的各种对象；③下方的窗格包括三个页面窗口(Message List、Output 和 Search Results)。如图1-9所示，左上角窗格显示的是实验程序 SternbergMemoryTask.exp 的内容，右上角窗格显示其中所定义的 block、counter、item 等对象；当运行实验程序或验证实验程序的合法性还会在下方的 Output 页面窗口中显示编译信息，包括：时间精度、颜色位数(是16位还是32位)、屏幕的分辨率(是800×600还是1024×768)、显示器的刷新频率是多少赫兹(Hz)以及实验程序中所定义的各个元素是什么，包括区组(block)、试次(trial)和刺激材料(stimuli)，还包括数据文件保存的位置等信息。

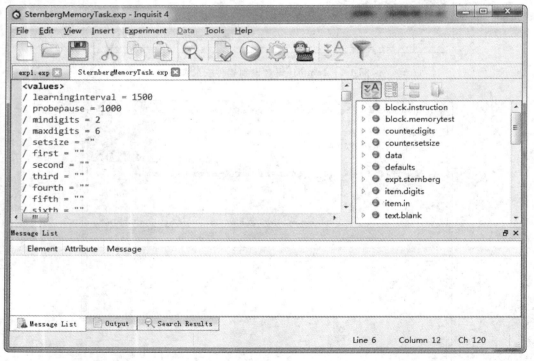

图1-9　Inquisit 示例窗口

1.2.1 File 菜单

File 菜单主要用于新建或打开一个实验程序文件,以及对其进行保存、打印等操作,和大多数的 Windows 应用程序一样,也可以通过工具栏上的 (新建)、 (打开)和 (保存)按钮对实验程序文件进行操作。如图 1-10 所示。需要注意的是:如果程序打开出现乱码,可以尝试通过 Open in Language…菜单项来指定其他语言进行打开,如图 1-11 所示。

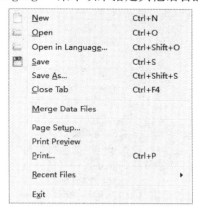

图 1-10　File 菜单

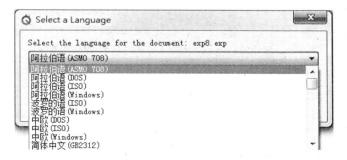

图 1-11　使用其他语言打开程序

1.2.2 Edit 菜单

Edit 菜单都是常用的菜单项,包括撤消(Undo)、恢复(Redo)、剪切(Cut)、复制(Copy)、粘贴(Paste)、删除(Delete)、全选(Select All)以及查找/(Find/Replace)。工具栏上 (剪切)、 (复制)、 (粘贴)、 (查找)按钮快速实现脚本代码的复制粘贴和查找等。当在代码中搜索某个关键词或进行替换操作时会显示如图 1-13 所示查找/替换窗口,并且下方窗格会自动切换到 Search Results 页面以显示查找结果。

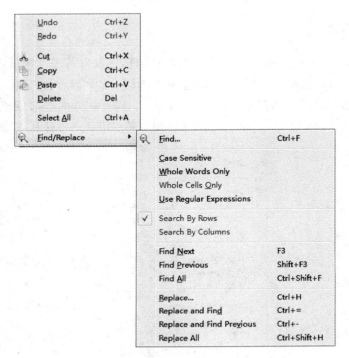

图 1-12　Edit 菜单

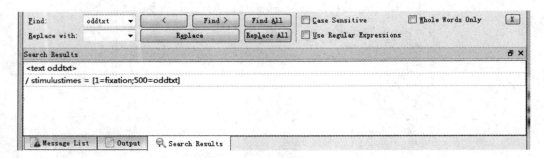

图 1-13　查找与替换窗口

1.2.3　View 菜单

View 菜单主要用于控制是否显示工具栏（Toolbar）、信息列表（Message List）、输出窗口（Output）和搜索结果（Search Results），信息列表、输出窗口和搜索结果页面也可以直接通过下方窗格右上角的关闭按钮（☒）来关闭。

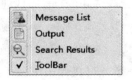

图 1-14　View 菜单

1.2.4 Insert 菜单

Insert 菜单主要用于在代码中插入颜色代码或字体代码,如图 1-15 所示。

图 1-15　Insert 菜单

1.2.5 Experiment 菜单

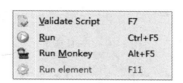

图 1-16　Experiment 菜单

Experiment 菜单主于控制实验程序的运行方式,如图 1-16 所示,Run(或 Ctrl+F5 快捷键)是正式运行程序(相当于工具栏上的 按钮),来收集所需要的数据;而 Run Monkey(或 Alt+F5 快捷键)主要用于对实验程序的调试(相当于工具栏上的 按钮),并生成示例数据,以便确保所欲记录的数据会全部记录下来。除此之外,还有验证程序的合法性的 Validate Script 选项( )和只运行部分代码的 Run element 选项( )。

1.2.6 Data 菜单

Data 菜单主要用于显示和编辑实验数据,如图 1-17 所示,可以对数据进行排序(Sort,)、过滤(Filter,)、增加行和列、删除行和列以及转置(Transpose)等。通过 File 菜单中的 Merge Data Files 还可以合并多个数据文件(在弹出的数据文件选择窗口一次性选择多个数据文件即可)。

图 1-17　Data 菜单

1.2.7 Tools 菜单

Tools 菜单主实验程序的编制提供了许多实用的工具,使编写脚本更加方便和快捷。主要包括如图 1-18 所示的内容。

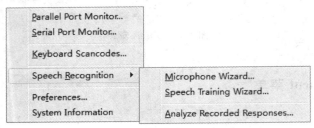

图 1-18 Tools 菜单

(1) 并口监视器(Parallel Port Monitor)和串口监视器(Serial Port Monitor)。并口监视器和串口监视器的设置属性如图 1-19 和图 1-20 所示。

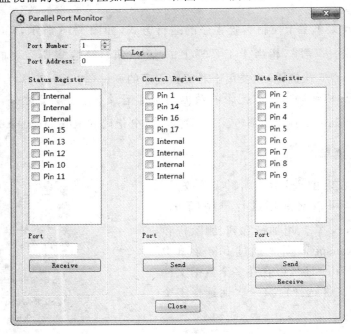

图 1-19 并口监视器

(2) 系统信息(System Information),显示运动实验程度的计算机的时间精度、颜色位数、屏幕的分辨率和显示器的刷新频率等信息如图 1-21 所示。

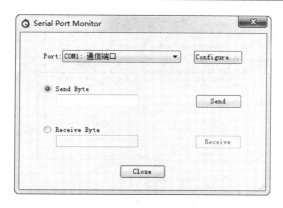

图 1-20　串口监视器

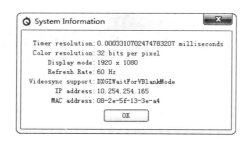

图 1-21　系统信息窗口

（3）当使用语音输入作为反应方式时，即可以将输入设备设置为 speech，也可以将输入设备设置为 voicerecord。前者是优点是可以利用语音识别引擎来识别被试的语音输入，并且判断被试的反应正误，但会受到语音识别准确率的影响。如果无法正确识别，在需要根据被试的不同反应给予不同反馈时，则可能得不到正确的结果。后者则是直接将被试的语音记录到声音文件中（wav 格式），以供离线式分析。Inquisit 也提供了便捷的分析声音文件的工具。选择 Analyze Recorded Responses… 菜单项会弹出图 1-22 所示的声音文件分析窗口，通过此功能可以完成语音文件的文字转录。首先通过 Browse… 按钮来选择语音文件所在的目录（语音文件一般保存在实验程序文件所在目录下的 voicerecord 子目录中）；然后如直接点击 Analyze 按钮，则分析器会将词典中所有内容作为有效反应进行对照识别，如果在 Analyze 上面的文本列表框中指定可能的反应项如图 1-22 所示，则识别的准确率和速度将大为提高。设定的目录下每个语音文件的识别的结果会显示在窗口下部的列表框中如图 1-22 所示，如果系统无法识别，则以"？"表示，点击 Save… 按钮，则可以将列表框中的内容保存至数据文件中。

（4）麦克风向导，选择 Speech Recognition（Microphone Wizard… 弹出麦克风向导如图 1-23 所示。

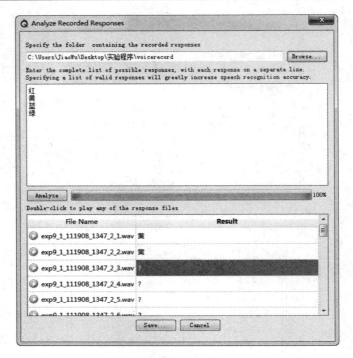

图 1-22 语音文件分析窗口

图 1-23 麦克风向导

点击"下一步"进入麦克风测试界面如图 1-24 所示,根据提示和要求来调整麦克风的音量。

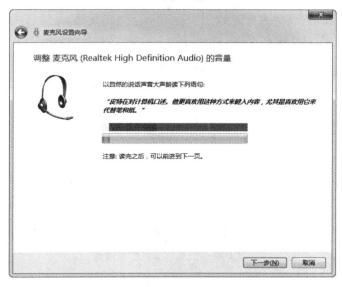

图 1-24　麦克风测试

点击"下一步"进入麦克风安放位置调整界面如图 1-25 所示,根据提示和要求来调整麦克风的安放位置直至达到要求。

（5）选择 Speech Recognition(Speech Training Wizard…会弹出语音识别训练向导如图 1-26 所示。

点击"下一步"开始进行语音训练如图 1-27 所示,然后按照例句的读法逐句依次进行阅读。

将语句全部阅读完毕后,出现窗口图 1-28,如果在上述语音训练过程感觉错误率较高,则可以点击"更多训练…"按钮进行附加训练文本的阅读如图 1-29 所示。

（6）选择 Preference...选项会显示偏好设置窗口,如图 1-30 所示。其中可以设置脚本编辑窗口中是否显示行号、脚本编辑窗口的字体式样、数据编辑窗口中的字体式样以及脚本浏览窗口中默认浏览方式(是按字母顺序和位置排序还是按照类型排序)。

1.3　脚 本 语 言

在 Inquisit 4 中脚本程序的扩展名为 iqx,加密后的脚本程序扩展名为 iqxc,实验数据的扩展名为 iqdat,加密后的实验数据扩展名为 iqdatc。在 Inquist 3 中脚本程序的扩展名为 exp,实验数据的扩展名为 dat。如果将脚本程序保存为 iqxc 或将实验数据保存为

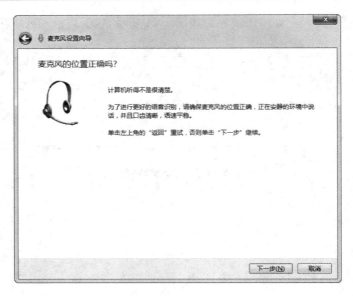

图 1-25　麦克风安放位置调整

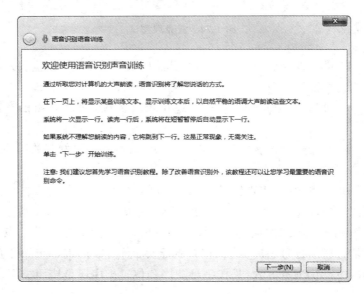

图 1-26　语音识别训练向导

iqdatc 时，会弹出如图 1-31 所示的对话框来设置密码。

当打开加密的脚本或数据文件时，则要求输入密码，如图 1-32 所示。

如果密码输入将无法打开脚本或数据文件，会显示如图 1-33 所示的对话框。

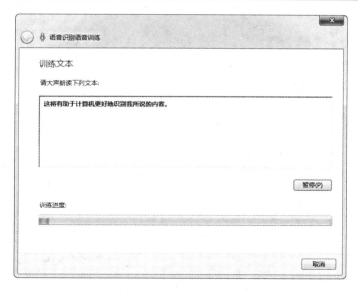

图 1-27　语音训练进程

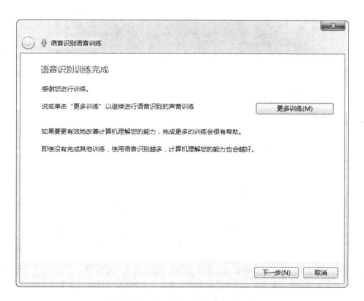

图 1-28　语音训练完成窗口

1.3.1　标记符

Inquisit 脚本语言与 HTML（超文本标记语言）非常相似，是一种解释性的语言，它使用描述性的标记符来指明实验程序的不同内容，标记符是区分程序各个组成部分的分界

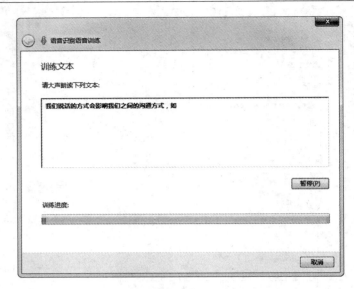

图 1-29　语音附加文本训练

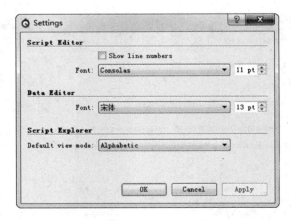

图 1-30　偏好设置窗口

符,用来把实验程序划分成不同逻辑部分,如刺激(文本、图片、音频等)、试次(trial)、区组(block)、实验(expt)和指导语(instruct)等。在 Inquisit 中使用的标记符均为双标签,其标记的语法为:

〈对象　对象名〉

内容

〈/对象〉

标记符要书写在尖括号〈〉中,其中〈对象〉表示定义某个元素的起始标识;〈/对象〉表

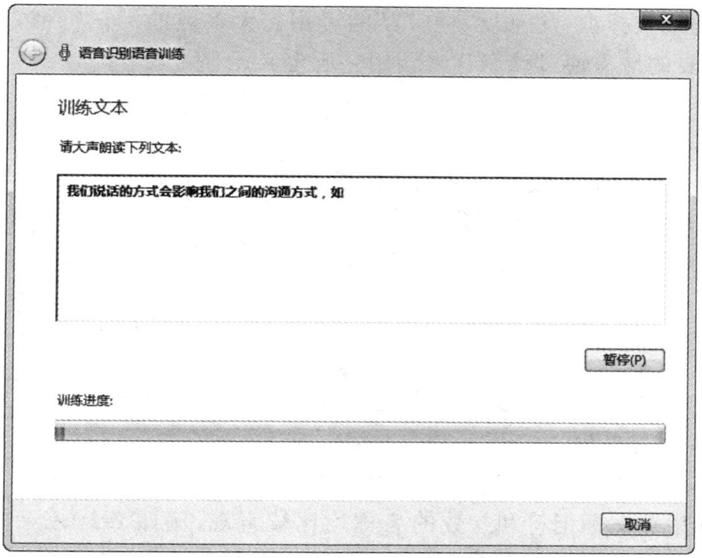

图 1-31　加密窗口

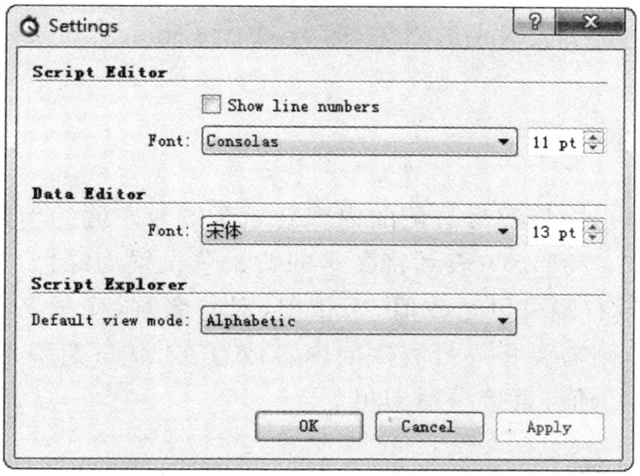

图 1-32　解密窗口

图 1-33　密码错误信息窗口

示该元素定义的结束标识,注意反斜杠"/"的运用。大多数的标记符都需要给其起一个名称,以便在需要的地方通过该名称来调用它所定义元素对象。

1.3.2 参数

在 Inquisit 中不同的对象具有不同的参数设置,通过参数设置可以格式化某个特定的元素对象,例如设置文本颜色参数为 red,则文本显示为红色,设置字体为楷体,则以楷体显示等。在 Inquisit 中参数设置是通过开关标记"/"来设定的,其格式为:

〈对象　对象名〉
/参数 1 =
/参数 2 =
……
/参数 n =
〈/对象〉

在 Inquisit 中英文标记符和参数的名称均比较直观,例如 text 表示文本,picture 表示图片,imagesize 表示图片的尺寸,txcolor 表示文本颜色等。

有时不同的级别的对象中可以设置相同的参数,最终的参数由谁来决定呢?一般原则是:小级别的对象优先于大级别的对象,即 trial 优于 block,block 优于 expt,expt 优于 defaults。

1.3.3 赋值

赋值使用等号(=),即将等号右侧的内容会赋予等号左侧的参数或变量,例如
/ txbgcolor =(0,255,0) 表示将文本的背景色设置为绿色

在 Inquisit 中等号右侧可以是数值、字符串、对象名称、变量名称、表达式、内置的函数等。如果是表达式,则需要将等号右侧的内容放置在[]中;如果是多个指标,则需要放置在()中;如果只有一个值,直接书写即可。

1.3.4 对象(变量)名

在 Inquist 中给对象命名相比于其它语句要自由的多,我们可以使用任意字符和数字的组合,包括@、￥、&、#等字符,你甚至可以使用中文名称,但考虑到兼容性问题不建议你使用中文名称,以免给程序的调试带来不必要的麻烦。另外最好不要使用 Inquisit 已经使用的关键字,例如,correct、count、current 等因为它们已经有了特定的含义(当然使用没有任何影响)。注意不能给相同的对象类型指定同样的变量名(例如两个名为 flower 的 picture 对象)。

1.3.5 对象的引用

在 Inquist 中,可以为不同类型的对象指定相同的对象名称并不会发产生混淆,这是

因为在其它对象中引用具有相同名称的对象时,某类型的对象只能引用特定类型的对象。例如,在〈expt〉中 blocks 参数只能引用定义的 block 对象,而不会引用具有相同名称的 trial 对象。对象引用时直接书写对象的名称即可。例如下面的代码:

```
〈text tiptxt〉
    / items = ("按空格继续")
    / txcolor = (255,0,0)
〈/text〉

〈trial instruct〉
    /stimulusframe = [1 = tiptxt]   //此处直接引用所定义的 tiptxt 文本对象
    /validresponse = (" ")
〈/trial〉
```

但如果定义了相同对象名的同一级别的对象,在运行实验中不会出现错误提示,会引用代码中按照先后顺序所定义的第一个该名称的对象,因此对于同一级别的对象不要使用相同的变量名。

1.3.6 属性的引用

如果需要引用某个对象的属性,则使用点(.)运算符,其格式为:

对象标记符.对象名称.属性

例如,block.myblock.correct 表示 myblock 区组中被试正确反应的次数,其中 block 为对象标记符;myblock 为对象名称;correct 为 block 的属性,Inquisit 中不同对象的属性参见 1。

如果要在文本中引用对象的属性,则需要将其置于界定符〈% %〉中,例如,"你的平均反应时为〈% expt.myexperiment.meanlatency %〉毫秒",假如平均反应时为 210.45 毫秒,则上述语句显示为"你的平均反应时为 210.45 毫秒"。

1.3.7 注释

在脚本中可以注释语句以便于帮忙实验程序编制者或其他人更好地理解程序代码。在 Inquisit 的脚本中加入注释不需要任何的引导符或界定符,只需要将注释内容放置标记符之外即可。例如:

```
----------------------------------------
|下面的代码对指导语进行格式化设置|
----------------------------------------
〈instruct〉
    / fontstyle = ("宋体",5%)
〈/instruct〉
```

1.4 程序的编辑

Inquisit 程序脚本的编辑可以使用任何一款文字编辑工具，如记事本、写字板、Word 或 UltraEdit 等，只要在保存时作为文本格式保存即可。此处介绍 Inquisit 集成的编辑器的使用。

正如其它文本编辑器一样，直接在 Inquisit 编辑器中输入代码即可，程序的扩展名为 exp。

如图 1-34 所示当定义不同的元素对象时，输入〈会自动弹出提示列表框，其中列出了可以定义的所有对象类型，此时用上下键来选择某个对象类型或输入对象类型名称的前几个字母，则会自动跳转至该对象，不需要用户完整输入，直接按回车键后 Inquisit 就会自动在当前的光标位置插入所欲定义对象的标记符；在标记符内设置各种参数时，只要输入/符号，也会弹出相应该对象可以设置的参数（见），从中直接选择或输入前几个字母后按回车就会自动加入该参数名及赋值符（＝），然后再对该参数进行设置（可惜没有象 VC、VB 或 Java 等的编辑器那样类似的参数提示功能）。

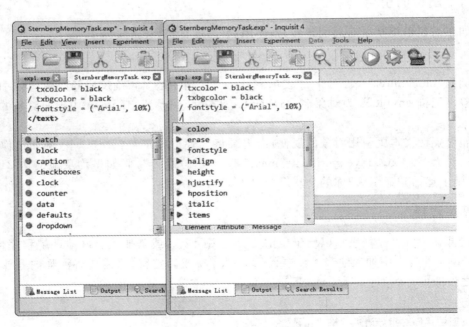

图 1-34　编辑提示列表框

当设置字体和颜色（屏幕背景色、文本背景色和文本色等）参数时，除了直接设置外，还可以借助于字体向导（Font Wizard）和颜色向导（Color Wizard）来帮助我们方便地进行字体和颜色的设置,首先通过菜单 Insert →Font…打开字体设置对话框如图 1-35 所示,在字体设置对话框中确定好所需要的字体参数后,点击确定按钮,就会在编辑器当前光标处自动插入相应属性的字体参数,如图 1-36 所示。

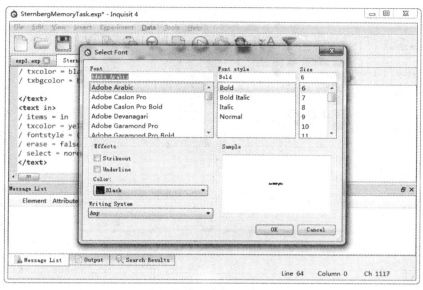

图 1-35　字体设置对话框

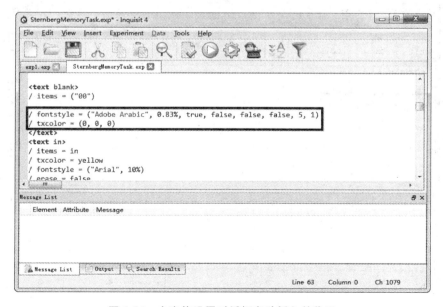

图 1-36　由字体设置对话框自动插入的代码

利用颜色向导设置颜色参数的方法与字体向导的运用相似，通过菜单 Insert→Color…打开如图 1-37 所示的颜色设置对话框，插入颜色代码后的示例窗口如图 1-38 所示。

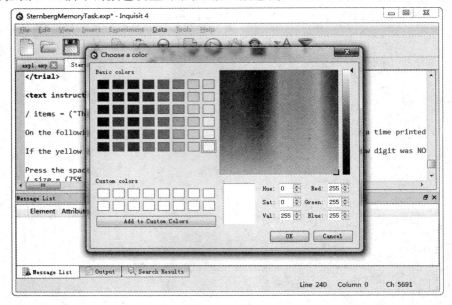

图 1-37　颜色设置对话框

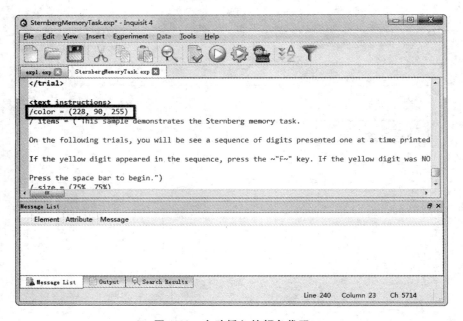

图 1-38　自动插入的颜色代码

上述字体代码和颜色代码的插入方式也可以通过快捷菜单实现,即在脚本编辑窗口中,点击鼠标右键,弹出如图 1-39 所示快捷菜单,从中选择 Insert→Font…和 Insert→Color…菜单项即可。

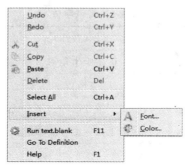

图 1-39　脚本窗口快捷菜单

如果要快速确定键盘按键的扫描码,可以通过 Tools(Keyboard Scancodes 对话框如图 1-40 所示。

图 1-40　键盘扫描码捕获窗口

另外在编辑过程中一定要注意所使用的界定符例如,〈〉、( )、[ ]、""是成对出现,并且是英文输入状态下的半角符号,否则实验程序无法运行。在 Inquisit 中还将～(半角)定义为转义符,即把它置于某些字符前具有特殊的含义,由于引号在 Inquisit 中已经作为文本的界定符,因此如果要在文本中包含半角的引号,则需要在引号前加入～转义符,例如下面的文本字符："The man said ～"hello～"."，实际表示的文本为：The man said "hello"。

Inquisit 中还提供了以下特殊字体，如表 1-1 所示。

表 1-1 特殊字体

符号	表示方式	显示(备注)
双引号	～"	显示双引号(适用于半角双引号,如果是全角双引号可直接输入)
制表符	～t	制表符所代表的空格数
回车符	～r	换行符(适用于指导语和文本对象,文本对象须设置 size 参数)
另起一行	～n	换行符(适用于指导语和文本对象,文本对象须设置 size 参数)

习　　题

1. 掌握 Inquisit 实验软件的安装方法。
2. 掌握微软的语音识别引擎的安装方法。
3. 启动 Inquisit 实验软件时你有没有遇到异常窗口？
4. 熟悉 Inquisit 的菜单组成。
5. 熟悉工具栏各按钮的含义。
6. 快捷键 Ctrl＋F5、Alt＋F5 和 F5 各有何功能？
7. 中途退出实验程序的快捷键是什么？（答：默认 Ctrl＋Q,可以自定义）
8. Ctrl＋B 快捷键的功能是什么？
9. Ctrl＋End 快捷键的作用是什么？
10. Inquisit 脚本语言的特点是什么？
11. 在对象变量的定义中变量名可以使用空格吗？
12. 点运算符"."的作用是什么？
13. 如何为程序添加注释(为程序添加注释是一个好习惯)？
14. 掌握在 Inquisit 编辑器中编写程序的方法。
15. 掌握利用 Inquisit 所提供代码自动完成功能。
16. 掌握利用字体设置向导(Font Wizard)和颜色设置向导(Color Wizard)来辅助代码的编写方法。
17. 参阅 2.1 中的实验程序,试考察～r 和～n 的不同。
18. 如何获取键盘的扫描码(可参阅附录一)？
19. 如何获取鼠标按键代码(可参阅附录二)？
20. 在程序编写中指定颜色代码时,可使用颜色的名称吗(可参考附录十三)？

第二章 Inquisit 实验编制

在心理学中一个实验由一个个的试次(trail)组成,单个试次中可能会呈现多种多样的刺激材料(比如文本、图片、图像和声音等);可以根据需要将多次试次组合为一个区组(block),它可以是真正意义上具有不同实验任务或反应要求的区组,也可以因整个实验所欲完成的试次过多(比如 1000 次),而人为性地将若干次(比如 100 次)试次组成一个区组,以便于在区组之间给被试安排休息时间。

在进行实验程序编制之前,首先需要明确所要操纵的自变量是什么?实验的步骤怎样安排?需要收集哪些数据?这些问题弄清楚之后,再考虑如何通过代码实现(实验设计不在本书讨论之列,参见其他相关书籍)。一般说来,实验程序的设计经过以下几个步骤:

(1) 概念化关键性实验步骤(如首先呈现什么刺激,然后再呈现什么刺激之类);
(2) 精细化试次过程;
(3) 加入所有试次条件(即不同水平组合或条件下的试次);
(4) 添加区组或区组条件;
(5) 设置试次呈现时顺序方式和样本数;
(6) 加入额外功能(如指导语、让被试练习用的区组等);
(7) 测试实验程序;
(8) 运行实验;
(9) 进行数据分析。

在 Inquisit 中,一个实验的脚本通常由以下几个部分组成:

(1) 实验加载:由〈expt〉〈/expt〉标记符来定义实验加载主体,用于指定运行的 block(包括指导语),和被试的分组条件等。

(2) 区组定义:由〈block〉〈/block〉标记符引用 trial 对象来定义不同区组,其中包含所要运行的一系列 trial。

(3) 单次试次:由〈trial〉〈/trial〉标记符引用定义的各类刺激对象(文本、图片、音频和视频等)来设置单次试次中呈现的刺激及相应的参数(如刺激呈现时间、反应键等)。

(4) 刺激对象:由〈text〉〈/text〉、〈picture〉〈/picture〉、〈sound〉〈/sound〉和〈video〉〈/video〉等定义实验中使用的各类刺激以及相应的参数(如文本、图片或视频的显示位置,显示大小及颜色,音频的音量等)。

(5) 材料条目库:由〈item〉〈/item〉来定义各条目内容,供刺激对象的定义使用,例如通过定义图片条目库(其中放置不同图片名称),然后由〈picture〉〈/picture〉标记符调用,材料条目库的定义可以方便地根据需要来更新条目内容。

除此之处，还包括以下内容：

（6）默认值：由<defaults></defaults>标记符来设置所使用的各项参数的默认值，如字体式样、颜色和大小，屏幕背景颜色，程序运行所需的最低版本号，屏幕分辨率等。

（7）被试分组：由<variables></variables>指定被试分组规则，即不同被试完成不同条件的实验。

（8）自定义变量：由<values></values>定义程序中所使用的自定义的变量。

（9）表达式：由<expressions></expressions>定义可供程序调用的数学或逻辑表达式，主要便于代码的重复利用。

（10）数据格式：由<data></data>指定数据保存时保存哪些内容，保存在什么位置，数据保存的格式等。

（11）计数器：由<counter></counter>定义一组固定序列的或随机序列的值，供变更实验条件用。

（12）列表：由<list></list>定义不同序列属性的列表元素，供变更实验条件用，其功能与计数器相似，但增加了更多的属性和函数，建议使用列表代替计数器。

下面列出 Inquisit 实验软件支持的实验元素：

(1) 刺激元素（Stimulus Elements）。
- text：文本刺激
- picture：图片刺激
- port：通过并口传递的二进制代码
- video：视频刺激
- sound：音频刺激
- shape：形状刺激，包括矩形（rectangle）、三角形（triangle）和圆（circle）
- item：条目库

(2) 试次元素（Trial Elements）。
- trial：试次对象，呈现刺激对象并获取被试的反应
- likert：利克特评定对象，呈现刺激并获取被试评分
- openended：开放式对象，呈现刺激，并获取被试的答案
- surveypage：调查页面对象

(3) 区组元素（Block Elements）。
- block：区组对象，显示 block 指导语，运行试次序列
- survey：调查对象，显示调查页面

(4) 指导语元素（Instruction Elements）。
- instruct：指导语显示参数设置
- page：定义文本页面对象
- htmlpage：引用网页文件

(5) 调查元素(Survey Elements)。
- survey：调查对象，显示调查页面
- surveypage：调查页面对象，显示调查题项
- caption：标题对象
- checkboxes：复选框对象
- dropdown：下拉列表框
- image：图像对象
- listbox：列表框
- radiobuttons：单选框
- slider：滑尺对象
- textbox：文本框

(6) 变量元素(Variable Elements)。
- variables：控制组间设计时的实验顺序
- values：自定义变量
- expressions：自定义表达式

(7) 内置元素(Implicit Elements)。
- script：程序脚本对象
- display：显示系统对象
- computer：计算机系统对象
- mouse：鼠标对象
- joystick：游戏杆对象

(8) 其他元素(Other Elements)。
- expt：实验对象，显示实验指导语，运行 block 对象
- response：定义反应时间窗对象
- defaults：默认参数设置
- include：文件引用对象
- data：数据对象，指定数据记录时的保存条目
- monkey：定义测试实验程序时的假想被试或虚拟被试
- batch：批处理对象

下面通过具体的实验程序来介绍上述标记符(实验元素)及其应用。

2.1 默认指导语程序示例

在心理学实验中，由于研究对象大多数是人，在做实验之前，主试必须向被试交代任

务,交代任务时所讲的话叫作指导语。指导语对实验结果的影响很大,如果两个实验的做法完全相同,只是指导语稍有差别,就可以导致不同的实验结果。指导语一定要把被试应该知道的交代清楚、完整,最好不要用心理学上的专门术语,如标准刺激、变异刺激之类,因为被试不一定是心理学专业的人员,而且有可能第一次接触实验。指导语还要简明扼要,不要模棱两可,产生歧义,由于被试的理解不同而造成不同的实验结果是研究者不希望看到的。为了避免指导语不当而产生对实验结果的混淆,必须使指导语标准化。常用的做法是把指导语以口语的方式写下来念给被试听(特别是对于一些文化程度较低和还不能理解书面语言的被试),也可以把指导语录制下来放给被试听;再就是把指导语呈现在屏幕上,由被试自行阅读,期间被试可就不明白的地方询问主试,并由被试来控制实验程序的开始。在 Inquisit 中提供了在屏幕上向被试呈现指导语的便捷方法。

2.1.1 〈expt〉标记符

由〈expt〉〈/expt〉标记来定义,该标记负责加载实验的主体,可以通过以下参数来控制实验:

(1) / blocks=[blocknumber, blocknumber=blockname; blocknumber-blocknumber=selectmode(blockname, blockname,...); blocknumber, blocknumber-blocknumber=blockname],它用于指定实验过程中各区组以怎样的方式来运行。

- blocknumber:赋予区组的编号(非负整数),可以一个区组赋予多个编号,用"逗号"或"破折号"分隔,例如:1,3,4 或 1—5 等。
- blockname:由〈block *blockname*〉〈/block〉标记所定义的区组名称。
- selectmode(*blockname*, *blockname*,...):从括号中所列的区组中选择将要运行的区组。有五种选择模式:

① noreplace():从括号中所列的区组中随机选择某个区组执行,但相同的区组不被重复选中。例如 1—4=noreplace(block1,block2,block3,block4),则从四个区组中随机选择将选择出的某个区组依次赋予 1—4 的编号。

② noreplacenorepeat():从括号中所列的区组中进行随机选择,但相同的区组不被重复选中,且同一区组不被连续运行,仅当所要运行的区组数目大于所定义的区组数目时有效。例如 1—6 = noreplacenorepeat(block1,block2,block3),则产生 6 个区组,并从三个区组 block1,block2 和 block3 中随机选择,并且同一区组不会相邻出现,即不会出现 block1,block2,block2,block3,block1,block3 这样的运行序列。

③ replace():从括号中所列的区组中进行随机选择,但同一区组可能被重复选择运行多次。

④ replacenorepeat():随机选择要运行的区组,同一区组可被重复选中,但不会出现在相临的位置。

⑤ sequence()：按照括号中的顺序依次执行，但此时括号中区组被作为一个整体来运行，例如 1—4=sequence(block1,block2)，则最终执行的区组序列为：block1,block2,block1,block2,block1,block2,block1,block2，且上述的区组被依次编号为 1—8。

语句示例：

语句一：/ blocks=[1—5=practiceblock；6—10=testblock)]

解释：共产生 10 个区组，practiceblock(练习区组)会重复 5 次，被编号为 1—5，testblock(测试区组)也会重复 5 次，被编号为 6—10。

语句二：/ blocks=[1—10=noreplace(leftblock，rightblock)]

解释：从 leftblock 和 rightblock 随机选择，共产生 10 个区组，leftblock 和 rightblock 各 5 个。

语句三：/ blocks=[1—12=noreplace(testblock，testblock，distractorblock)]

解释：从 testblock 和 distractorblock 中随机选择共产生 12 个区组，其中 testblock 会被运行 8 次，distractorblock 会被运行 4 次。

语句四：/ blocks=[1,3,5,7,9=littleblock；2,4,6,8,10=bigblock)]

解释：共 10 个区组，且运行完 littleblock 后，紧跟着运行 bigblock。

(2) / correctmessage=true(stimulusname，duration)，它用来指明当被试做出正确的反应后，提供的反馈信息。

- stimulusname：事先定义的刺激名称，可以是文本，也可以是图片等。
- duration：以毫秒为单位表示反馈信息显示多长时间，如果该值为 0 表示该反馈信息一直显示在屏幕上，直至本次试次结束。

语句示例：

语句一：/ correctmessage=true(correcttext，500)

解释：如果被试作出正确的反应，则显示提示信息 500 毫秒。

语句二：/ correctmessage=false

解释：对于被试的正确反应，没有相应的反馈信息，这是系统的默认值。

(3) / errormessage=true(stimulusname，duration)，用于指定被试作出错误反应时，所提供的反馈信息，参数信息同(2)，其默认设置为不显示错误反馈信息。

(4) / groupassignment=assignment，设置被试分派方式，随机还是根据被试的 ID 分派。

(5) / onblockbegin=[expression；expression；expression；...]，用于指定在某区组运行前所要执行的命令表达式。该参数非常有用，可以根据被试的作业绩效来动态的调整作业难度，比如在做反应时作业时，由于个体间所存在的差异性，就可以根据个体的平均反应速度来动态的调整超时限制。

语句示例：

语句一：/ onblockbegin＝[if（values.lastblockreponsetimes＞1000）trial.testtrial.timeout＝950]

解释：如果被试在完成上一次区组的平均反应时间大于1000毫秒，则将超时时间设定为950毫秒。

语句二：/ onblockbegin＝[if（block.practice.percentcorrect＞80）text.status.item.1＝"nice job!"]

解释：如果在练习中被试反应的正确率大于80%，则状态信息设为"nice job!"。

语句三：/ onblockbegin＝[sound.testsound.volume＝rand(－10000，0)]

解释：将声音刺激的播放音量设为某个随机值。

语句四：/ onblockbegin＝[values.testblockcounter＝values.testblockcounter＋1]

解释：将区组计数器（所定义的一个属性）加1。

(6) / onblockend＝[expression；expression；expression；...]，当某区组运行完毕后所要执行的命令表达式，其设置与(5)相同。

(7) / onexptbegin＝[expression；expression；expression；...]，设置当实验开始运行时，所要执行的命令表达式，其设置与(5)相同。

语句示例：

语句一：/ onexptbegin＝[if（mod(script.subjectid，2)＝＝0）text.welcome.item.1＝"You have been assigned to condition A"；]

/ onexptbegin＝[if mod(script.subjectid，2)＝＝1 then text.welcome.item.1＝"You have been assigned to condition B;"]

解释：当被试的编号是偶数时，显示"You have been assigned to condition A"信息；当被试的编号是奇数时，显示"You have been assigned to condition B"信息。此处被试的编号是其在做实验时，实验者赋予他（她）的编号。

(8) / onexptend＝[expression；expression；expression；...]，设置当实验结束时，所要执行的命令表达式，其设置与(5)相同。

(9) / ontrialbegin＝[expression；expression；expression；...]，运行某次试次前，所要执行的命令表达式，其设置与(5)相同。

(10) / ontrialend＝[expression；expression；expression；...]，某次试次结束后，所要执行的命令表达式，其设置与(5)相同。

(11) / postinstructions＝(pagename，pagename，pagename，...)，实验(或某区组)结束后，所欲显示页面文本信息。

语句示例：

语句一：/ postinstructions＝(page1，page2，page3)

解释：实验（或区组）结束后，依次显示页面page1、page2和page3中的信息，且被试可以在三个页面之间进行切换。

(12) / preinstructions=(pagename，pagename，pagename，…)，实验(或某区组)开始前，所欲显示页面文本信息(指导语)。

(13) / recorddata=boolean，可以设置为 true 或 false，决定是否记录数据，默认时为 true，记录所有试次的数据。该参数还可以应用于⟨block⟩、⟨survey⟩和⟨trial⟩标记。

(14) / response = responsename or timeout（milliseconds）or window（center，width，stimulusname）or responsemode，用于获取被试的反应。

- responsename：通过⟨response responsename⟩⟨/response⟩标记定义的反应名称。
- milliseconds：设定反应的超时时间，以毫秒为单位的非负整数。
- center：设定时间窗的中心点，非负整数。
- width：设定时间窗的宽度，非负整数。
- stimulusname：事先定义的某刺激的名称。
- responsemode：反应模式，可以取以下值：

① free：任何有效的按键均可，所谓有效按键是，实验者所定义的被试只能按指定的比如 E 和 I 键或 Z 和/键，按其他的键均无任何反应。

② correct：必须是正确的有效反应按键，如果被试按了不正确的按键，则记为错误，但数据文件中所记录的反应时确是第一次反应正确时的反应时。

③ noresponse：不接收被试的反应，即不需要被试做出反应。

④ anyresponse：所有可能的反应均可，即输入设备所支持的所有反应均有效。

语句示例：

语句一：

⟨trial mytrial⟩

/ stimulusframes = [1 = sometext]

/ response = timeout(500)

/ validresponse = (" ", noresponse)

⟨/trial⟩

解释：名为 mytrial 的试次，被试有效的反应方式可以按空格键；也可以不作任何反应，在此情况下，500 毫秒后自动转入下一次试次。

语句二：

⟨trial mytrial⟩

```
          / stimulusframes = [1 = sometext]
          / response = timeout(500)
          / validresponse = ("a", "b")
          / correctresponse = ("a")
       </trial>
```

解释：名为 mytrial 的试次，有效按键是 a 和 b，但正确按键是 a，超时时间为 500 毫秒。

(15) / skip=[expression; expression; expression;...]，设置跳过（不运行）某次试次或某个区组的条件表达式。

语句示例：

语句一：

```
<trial mytrial>
   / stimulusframes = [1 = sometext]
   / validresponse = ("a", "b")
   / correctresponse = ("a")
   / skip = [trial.mytrial.errorstreak] = 10]
</trial>
```

解释：对于上面的试次，如果被试连续 10 次均反应错误，则跳过剩余的试次。

语句二：

```
<block myblock>
   / trials = [1—20 = noreplace(testtrials, distractortrials)]
   / skip = [block.myblock.meanlatency] 1000]
</block>
```

解释：如果到目前为止被试平均反应时超过 1000 毫秒，则跳过本区组其余的试次。

(16) / subjects=(integer, integer, integer, ... of modulus)
- integer：为一正整数，说明能够运行本实验的被试的编号。
- modulus：为一正整数，指定模数。注意：integer 是被试的编号除以 modulus 所得的余数，即 integer＝求余数(subjectnumber / modulus)。

语句示例：

语句一：

```
<expt>
   / blocks = [1—20 = noreplace(testtrials, distractortrials)]
   / subjects = (1 of 2)
</expt>
```

解释：因为模数是2，且余数为1，所以奇数编号的被试才可以运行此实验；需要注意的是当要求偶数编号的被试才能运行实验时，integer 不能写为0，而要写成2，即/ subjects=(2 of 2)。

语句二：

⟨expt⟩
　/ blocks = [1—20 = noreplace(testtrials, distractortrials)]
　/ subjects = (1 of 4)
⟨/expt⟩

解释：只有被试的编号为1、5、9、13…才可能执行此实验。

(17) / timeout=integer expression，设定一个实验、区组、试次、指导语、反应、开放式问题和利克特(Likert)评定等项目的超时时间（以毫秒为单位），即被试在此时间段内还未作反应，则转入后续内容。

2.1.2 ⟨page⟩标记符

⟨page⟩标记符用于显示一段文字，需要做的就是将文字置于标记符之间即可，它类似于 HTML（超文本标记语言）中的⟨cite⟩标记符。⟨page⟩标记符常用于向被试呈现指导语或者实验结束后向被试呈现实验成绩等信息（需要借助于对象属性的引用）。其格式如下：

⟨page pagename⟩ //定义名为 pagename 的页面对象，用于指导语或反馈
　　//在标记符间放置文本内容，其中~表示换行符（另起一行），否则连续显示
⟨/page⟩

2.1.3 默认格式指导语

程序 exp1.exp 完全以 Inquisit 默认的参数设置显示指导语，没有任何实质性的"实验"内容，纯粹为演示用，在⟨page⟩标记符间放置文本时，需要注意的是在程序编辑器中通过换行输入文本，并不能够起到分段的作用，必须通过"~"来表示换行，这就如 HTML 中的⟨br⟩表示换行类似，如果不加"~"，就会以一整个段落来显示其中的文本内容，例如示例中尽管"我是冯甘霖"和"是一年级学生"放置在两行中，但从输出结果可以看出，Inquisit 自动将它们拼接在一起。

程序 exp1.exp 如下：

****
⟨page 指导语⟩ //定义名为"指导语"的页面对象
　　我是冯甘霖
　　是一年级学生

~这是我的第一个实验
~希望能够学好 Inquisit!
</page>

<expt>　//实验对象(可以不指定名称)
　/ preinstructions = (指导语)
</expt>
****

运行实验程序 exp1.exp,结果如图 2-1 所示。

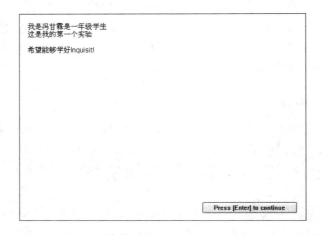

图 2-1　程序运行结果

示例程序运行后采用默认的方法显示指导语,包含两个部分,首先是页面的定义,在<page></page>之间放置指导语的具体内容,起始标记符中"指导语",是给该页面定义的名称,要调用该内容,直接引用该名称即可。<expt></expt>用来定义实验运行的具体内容,为了简便起见,在程序中除实验前的指导语,没有加入任何实验内容,指导语是通过参数 preinstructions 来指定的。

2.2　定制指导语程序示例

Inquisit 中提供了定制指导语页面显示格式的标记符<instruct>,通过该标记符可以轻松地指定显示指导语时文本区域的大小、屏幕颜色、文本字体式样、颜色和背景色以及按钮标签和控制键,但其不足之处是无法进行独立格式化,即为不同文字指定不同格式(注意:尽管 Inquisit 中提供了<htmlpage>标记符,可以通过指定网页文件来格式化文本,但需要注意的是它并不支持复杂的网页文件,即包含复杂 HTML 标记符的网页)。

2.2.1 〈instruct〉标记符

通过〈instruct〉标记符可以对默认的指导语显示格式进行自定义,首先看一下该标记各参数的含义。

(1) / fontstyle=("face name", height, bold, italic, underline, strikeout, quality, character set),设置指导语显示所用的字体样式。
- "face name":用于指定字体的名称,需要放置在双引号中(注意是双引号)。
- height:字体的高度,可以以点、像素、百分比、厘米、毫米或英寸为单位,相应的英文单位分别为:pt、px、% 或 pct(屏幕分辨率高度值的百分比)、cm、mm 和 in。
- bold、italic、underline 及 strikeout 的取值为布尔值(true 或 false),分别用于设置加粗、斜体、下划线和删除线等属性。
- quality:取值范围为 1—5,表示字体的质量(清晰度),5 为最高级。
- character set:表示字符集,常用的字符集有 0 表示 ANSI 字符集,136 表示繁体,134 表示简体。

(2) / inputdevice= modality,设置输入设备的通道,可以取值为 keyboard(键盘)、mouse(鼠标)、mousekey(鼠标,但不显示鼠标指针)、touchscreen(触摸屏)等,也可以指定串口或并口,但必须有相应的输入设备才可以使用上述某些选项。

(3) / lastlabel="label",如果当前的指导语是最后一页内容,可通过此项设置按钮提示信息,默认值为"Press [X] to continue",其中的 X 表示设置的某个按键,如果没有设置,则为 Enter 键。

(4) / nextkey=("character") or (scancode) or (signal),设置跳转到下一个页面的键,其默认值为空格键。
- "character":是用字母表示按键,如" "表示空格键,"E"表示键盘上的 E 键等。
- scancode:键盘上各个键的扫描码(每个按键都有对应的键码),例如 Enter 键的扫描码为 28,空格键的扫描码为 57,Q 键的扫描码为 16(不区分大小写)等,各按键的扫描码参见附录一。
- signal:串口或并口设备的信号值。

(5) / nextlabel="label",有多个连续显示的页面时,指定进入下一页面的提示信息。

(6) / prevkey=("character") or (scancode) or (signal),设置跳转到上一个页面的按键,与 nextkey 的设置相同。

(7) / prevlabel="label",有多个连续显示的页面时,指定回到上一页面的提示信息。

(8) / screencolor=(red expression, green expression, blue expression),指定指导语显示窗口的背景颜色,括号中的三个值分别表示红、绿、蓝的 RGB 值,每个值的取值范围介于 0—255 之间,如(0,0,0)表示黑色;(255,255,255)表示白色;(255,0,0)表示红色;(0,255,0)表示绿色等。也可以使用预定义的颜色名,诸如:red(红)、green(绿)、blue(蓝)、yellow(黄)、white(白)和 black(黑)等。

(9) / txcolor=(red expression, green expression, blue expression),用于设置文本的颜色,也是 RGB 值来表示,参见 screencolor 的设置。

(10) / wait=integer //设置转入下一页面时所需等待的最小时间(单位毫秒)。

(11) / windowsize=(width expression, height expression),用于指定指导语窗口大小,括号中两个值分别表示宽度值和高度值,如/windowsize=(240,150)。

2.2.2 定制指导语

本示例程序设置了指导语页面的字体式样,将按钮默认的标签更改为中文标签,并设置与之相符控制键(空格键)。

程序 exp2.exp 如下:

```
******************************
<instruct my> //指导语页面参数设置
    / nextkey=(" ") //空格键
    / fontstyle=("楷体_GB2312",24pt,false,false,false,false,5,134) //字体式样为24磅阵的楷体
    / lastlabel="按空格退出" //按钮标签
</instruct>

<page 指导语> //指导语页面
    我是冯甘霖
    是一年级学生
    ~这是我的第一个实验
    ~希望能够学好 Inquisit!
</page>

<expt> //实验对象
    / preinstructions=(指导语)
</expt>
******************************
```

程序运行后,结果如图 2-2 所示。

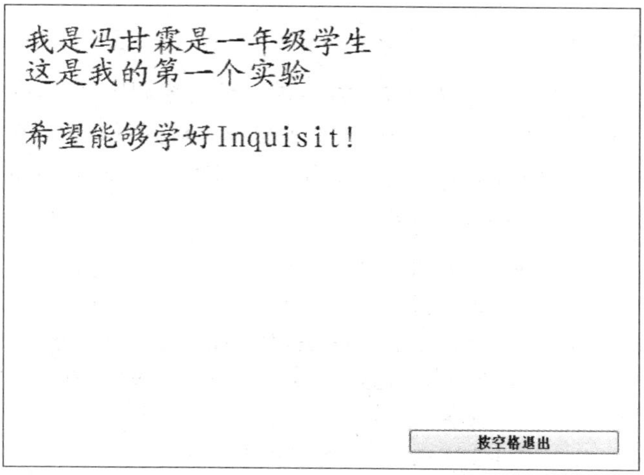

```
我是冯甘霖是一年级学生
这是我的第一个实验

希望能够学好Inquisit!


                                    按空格退出
```

图 2-2　程序运行结果

2.3　自定义指导语程序示例

默认指导语程序示例和定制指导语程序示例均是利用 Inquisit 的指导语窗口来显示指导语信息，除此之外，还可以完全自定义指导语的显示，这样可以更灵活地控制指导语的页面。首先介绍几个标记符。

2.3.1　〈item〉标记符

用来定义程序中重复使用的条目，例如需要被试识记的单词、显示的系列图片名词、声音文件名称或者视频文件名称等，主要供 text、picture、image、sound 和 video 等对象使用，其格式如下：

```
<item itemname>    //itemname 为条目名称，以便在其他对象中加以引用
    / 1 = "item text"    //第 1 个条目，括号中内容即条目内容
    / 2 = "item text"    //第 2 个条目
    / 3 = "item text"    //……
    / 4 = "item text"
    / items = (trialname, trialname, trialname)    //引用其他 trial 对象中的内容
</item>
```

2.3.2 〈text〉标记符

〈text〉标记符用来生成格式化的文本对象,供 trial 对象调用,可以设定文本对象在屏幕上以什么字体、什么颜色来显示,可以控制其显示位置和对齐方式等属性,当需要在计算机屏幕上显示文字型的实验刺激材料时非常有用,text 对象与 picture、sound、video 等对象具有相同级别,其格式如下:

〈text textname〉 //textname 为所定义的文本名称。
/ erase = true(red expression, green expression, blue expression) or false //设定某试次结束时是否从屏幕上擦除文本信息,如果设为 true 则须在其后的括号内指定擦除所使用的颜色;如是 false,是文本信息仍保留在屏幕上。默认时使用屏幕背景色擦除信息
/ fontstyle = ("face name", height, bold, italic, underline, strikeout, quality, character set) //设置字体样式
/ halign = alignment //以屏幕中心(或以 hposition 参数值)为基准点的水平对齐方式,可以设置为 center、left 和 right 分别表示居中对齐,左对齐和右对齐
/ hjustify = justification //当文本显示在某个区域内时,文本的对齐方式,取值与 halign 的设置一样
/ hposition = x expression //设置文本水平基准点,以像素(px)、百分比(% 或 pct)、点(pt)、厘米(cm)、毫米(mm)和英寸(in)为单位
/ items = itemname or ("item", "item", "item",...) //引用通过〈item〉所定义的条目,或者直接将文本信息写在括号中的双引号中
/ position = (x expression, y expression) //设置文本中央具体的显示位置,需要指定 x 坐标和 y 坐标,其单位与 hposition 的单位相同
/ select = integer or selectionmode or selectionmode(pool) or dependency(stimulusname) or dependency(countername) or countername //当显示文本条目时,从多个条目中选择显示条目的方法。可以直接指定显示的某个条目。除此外还可以使用如下关键词:
- Noreplace:无重复的随机选取。此为默认值
- Noreplacenorepeat:无重复随机选取且同一条目不被接连选中
- Noreplacecorrect:除非被试反应错误,否则无重复地随机选取
- Noreplaceerror:除非被试反应正确,否则无重复地随机选取
- Replace:可以重复性随机选取(同一条目可被选中多次)
- Replacenorepeat:可以重复性随机选取,但同一条目不会出现在相临的顺序
- Constant:通过序号选取指定的单一条目
- Noreplacenot:无重复地随机选取,如果与当前被选中的条目相同,则重新选取
- Replacenot:可重复地随机选取,如果与当前被选中的条目相同,则重新选取
- Current:选择当前正在使用的条目

- Next：选取下一个条目

注意：countername 是事先定义好的一组固定序列或随机序列值。

/ selectionrate = rate //在何水平上选择新条目,可以取值分别为：always、trial(每次试次)、block(每个区组)和 experiment(每个实验)。如当设置为 trial 时,则试次执行前从条目库中选取一个新条目,如果该刺激在某试次中使用多次,则使用同一个条目,直至下一次试次,才会从条目库中重新选择

/ size = (width expression, height expression) //指定文本显示的区域,括号中分别是宽度和高度值。如果不设置此参数,当文本不能在一行之内显示完整时,并不会自动换行,如果要自动换行,则须借助于该参数

/ txbgcolor = (red expression, green expression, blue expression) or (transparent) //文本的背景色(括号中为 RGB 值),或者设置为透明,这样就可以将文本显示其他对象上

/ txcolor = (red expression, green expression, blue expression) //文本的颜色(需指定 RGB 值)

/ valign = alignment //以屏幕中心(或以 vposition 参数值)为基准点的垂直对齐方式,用 top、bottom 和 center 分别表示顶部对齐、底部对齐和中间对齐

/ vjustify = justification //当显示在某区域内时的垂直对齐方式,属性值与 valign 一样

/ vposition = y expression //设置文本显示的竖直基准点,参考 hposition

〈/text〉

2.3.3 〈trial〉标记符

〈trial〉用来定义实验中某个单次试次,单次试次一般以被试的反应为终结,因此在 trial 对象的定义中,大多数情况下需要指定有效的反应键(这样可以防止被试误操作),同时 Inquisit 还提供了设置正确按键的参数,有效按键和正确按键均可以是多个。trial 对象供 block 对象中的 trials 参数引用,其格式如下：

〈trial trialname〉

/ branch = [if expression then event] //设置条件表达式满足时所执行的命令

/ correctmessage = false or true(stimulusname, duration) //被试做出正确反应时是否显示反馈信息。如果显示,则需进一步指定反馈信息的名称及其反馈信息呈现的时间

/ correctresponse = ("character", "character",...) or (scancode, scancode, ...) or (stimulusname, stimulusname, ...) or (mouseevent, mouseevent, ...) or (joystickevent, joystickevent, ...) or ("word, word, ...") or (keyword) //设置对应此试次的正确按键,可以是键盘按键的文本描述或其扫描码(参阅附录一),也可以是鼠标(参阅附录二)或者游戏杆事件。也可以设定为 noresponse 或 anyresponse,前者表示不需要被试任何反应(在指定 noresponse 时,需要同时设置 timeout 参数),后者表示可以是任意有效按键反应

/ errormessage = false or true(stimulusname, duration) //被试反应错误时的反馈信息,与

correctmessage 参数相似

/ inputdevice = modality //输入设备通道

/ inputmask = "bit mask" //决定并口输入设备哪一位的信号作为输入信号。其格式如 "0100000" 所示,8 位一组的二进制位

/ numframes = integer //该参数不常用,主要用于当某刺激至少显示多长时间被试才可以作出反应(或多长时间之后被试的反应才有效);如果屏幕的刷新频率为 100Hz,则每帧用时 10 毫秒,如果把 numframes 参数设置为 20,则刺激呈现 200 毫秒

/ ontrialbegin = [expression; expression; expression;...] //开始本次试次前所执行的命令表达式。例如:

   / ontrialbegin = [if (values.lastcorrect = = true) text.feedback.item.1 = "你上次做对了"] //表示当被试前一次的反应正确时,则将反馈信息设为"你上次做对了"

/ ontrialend = [expression; expression; expression;...] //结束本次试次时所执行的命令表达式,参见 ontrialbegin

/ posttrialpause = integer expression //设置用户做出反应本次试次结束后,暂停多少时间(以毫秒为单位)开始下一试次

/ posttrialsignal = (modality, signal) //本次试次结束后,由用户通过某一输入信号来触发下一次试次,例如,只有被试按空格键后,才开始下一次试次;否则暂停实验的运行。可以书写为:/posttrialsignal = (keyboard, 57)

/ pretrialpause = integer expression //设置开始本次试次前,等待多少时间(以毫秒为单位)才运行本次试次

/ pretrialsignal = (modality, signal) //设置只有当用户通过某输入设备输入指定信号后,才运行本次试次,与 posttrialsignal 相同

/ recorddata = Boolean //决定是否记录本次试次实验数据,true 表示要记录;false 表示不记录

/ response = responsename or timeout(milliseconds) or window(center, width, stimulusname) or responsemode //设置接收被试反应的方式,有如下选项:

- responsename:通过〈response〉标记符定义的反应名称
- timeout(milliseconds):以毫秒为单位的超时时间,不能与 trialduration 同时使用
- window(center, width, stimulusname)://指定时间窗,即当被试的反应时介于此时间窗之内时,则显示由 stimulusname 指定的刺激信息。比如指定 window(350, 100, feedback)则表示被试的反应时介于 300—400 毫秒时,显示反馈信息
- responsemode:可以取为 free、correct、noresponse 或 anyresponse 四个值中的一个,分别表示任何有效的按键;直至被试做出正确反应或超时;不等待被试做出反应,实验程序继续运行

/ responseframe = integer //指定何时开始识别用户的输入信号,如果设置为 0 表示在呈现的刺激序列中,被试可以在任意时刻做出反应;但如果是非 0 值,则表示只有在某刺激呈现后才记录被试的反应,该参数常与 stimulusframes 配对使用

/ responseinterrupt = mode //设置用户做出反应后,试次终止的方式。可以取值为:immediate、frames 和 trial。分别表示立即中止并擦除屏幕上显示的刺激信息且忽略未刺激序列中剩余的刺激;在擦除当前屏幕上的刺激前,先显示刺激序列中剩余的刺激;在刺激擦除前先显示本试次中剩余的未显示的刺激,其他媒体刺激(如音频或视频)播放完毕后才运行下一个试次。默认值为 immediate

/ responsemessage = (responsevalue, stimulusname, duration) //给被试提供的反馈信息,只要被试做出指定的反应,则显示该信息。信息的内容由事先定义的 stimulusname 决定,显示时间由 duration 决定。如下面的代码:

/ validresponse = ("a", "b")
/ responsemessgae = ("a", positivetext, 1000)
/ responsemessgae = ("b", negativetext, 1000)

当被试按 a 键时,显示正反馈;当被试按 b 键时,显示负反馈,时间是 1000 毫秒

/ responsetime = integer //指定何时开始记录被试的反应,以毫秒为单位,该参数往往与 stimulustimes 联用。当同时设置了 responsetime 与 responseframe 参数时,responsetime 优先

/ responsetrial = (response, trialname) //当被试做出某个指定的反应后,接下来运行由 trialname 标识的试次

/ stimulusframes = [framenumber = stimulusname, stimulusname, ...; framenumber = stimulusname, ...] or [framenumber = selectionmode(stimulusname, stimulusname, stimulusname, ...)] //指定显示的刺激序列,可以在屏幕上同时呈现刺激;也可以依次呈现刺激,当依次呈现刺激还可以设置选择方式,framenumber 指定刺激呈现在第几帧

/ stimulustimes = [time = stimulusname, stimulusname, ...; time = stimulusname, ...] or [time = selectionmode(stimulusname, stimulusname, stimulusname, ...)] //与 stimulusframes 类似,只是用具体的以毫秒为单位的时间指定刺激显示的时间

/ timeout = integer expression //设置超时时间,设置此项不能设置 trialduration 参数

/ trialcode = "string" //设置所记录的数据中试次的名称,该参数已经不推荐使用,默认时将试次的名称写入数据文件

/ trialdata = [stimulusname, stimulusname, stimulusname, "string" "string", "string"] //指定写入数据文件中的刺激或字符串内容。该参数需要配合⟨data⟩和其中的 columns 参数使用,否则没有效果

/ trialduration = integer expression //试次持续的时间,设置此项参数时,不能设置任何形式的超时

/ validresponse = ("character", "character", ...) or (scancode, scancode, ...) or (stimulusname, stimulusname, ...) or (mouseevent, mouseevent, ...) or (joystickevent, joystickevent, ...) or ("word", word, ...") or (keyword) //指定有效的按键,参见 correctresponse 参数

⟨/trial⟩

如图 2-3 描述了单次试次的时间流程,根据该示意图,按照实验需要设置各种时间参数以达到实验目的。在 pretrial 阶段利用 PRETRIALPAUSE 时间系统可以完成刺激定位等试次的准备工作;刺激呈现时间的长短由 NUMFRAMES 参数控制;然后等待被试的反应,如果没有设置 TIMEOUT 参数,则会一直等待直至被试作出反应,如果设置了 TIMEOUT 参数,则在 RESPONSEMODE TIMEOUT 阶段内被试没有作出反应,则输入下一阶段;在 posttrial 阶段,系统完成数据记录、清除前次运行的试次对象以及刺激对象的重新定位。TRIALDURATION 就是由上述各个阶段组成,如果设置了 TRIALDUATION 参数,则即使没有设置 TIMEOUT 参数,在到达 TRIALDURATION 所设置的时间后,不论被试有无反应,也会自动输入下一次试次,并且即便设置了 POSTTRIALPAUSE 参数,但如果所设置的 TRIALDURATION 参数长于"PRETRIALPAUSE + NUMFRAMES + RESPONSEMODE TIMEOUT + POSTTRIALPAUSE"时间之和,系统则自动延长 POSTTRIALPAUSE 阶段至 TRIALDURATION。

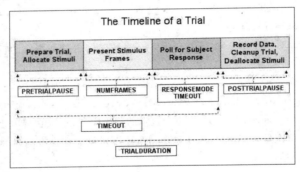

图 2-3 不同时间参数的关系图

2.3.4 〈block〉标记符

〈block〉标记符用来定义心理学实验中的一个区组,它一般由多次试次组成。实际上它的设置相当灵活,指导语可以作为单独的 block,被试实验内容可以作为 block,不同的实验条件可以设置为不同的 block。block 对象供实验对象(expt)中的 blocks 参数引用,下面是其格式:

〈block blockname〉
    / bgstim = (stimulusname, stimulusname, stimulusname) //指定运行该区组前在背景上显示的刺激信息。比如一些简短的用来提醒被试相应反应按键的指导语信息等。在该区组执行期间,该背景信息会始终显示在屏幕上(当然可被其他实验刺激覆盖)
    / blockfeedback = (metric, metric, metric,…) //指定表明被试作业成绩的显示内容,如平均反应时、正确率等
    / branch = [if expression then event] //条件分支表达式,指定当满足某条件时将执行的命令。注意是命令中需要使用同级别的标记符

/ correctmessage = false or true(stimulusname, duration) //当被试反应正确时,是否显示反馈信息
/ correcttarget = (property, target, maxblocks) //重复执行同一区组,直到被试反应正确的情况达到指定的要求或已至最大重复次数
- Property:指定绩效指标,如 percentcorrect 或 numcorrect,即反应正确的百分比或正确的次数
- Target:标准值,如 75,表示要求达到 75% 的正确率等,由 property 决定该值的具体含义
- Maxblocks:指定重复的最大次数,即达到该值时,即使被试的作业成绩没有满足指定的标准,也不再继续重复

/ errormessage = false or true(stimulusname, duration) //当被试反应错误时,是否显示反馈信息
/ latencytarget = (property, target, maxblocks) //重复执行同一区组,直到被试的反应速度达到指定的要求或已至最大重复次数。其中的 property 可设置为 meanlatency 或 medianlatency,即反应时的平均值或中位数,参见 correcttarget 参数
/ onblockbegin = [expression; expression; expression; ...] //指定区组运行前所要执行的命令表达式
/ onblockend = [expression; expression; expression; ...] //指定区组结束后所要执行的命令表达式
/ ontrialbegin = [expression; expression; expression; ...] //指定试次运行前所要执行的命令表达式
/ ontrialend = [expression; expression; expression; ...] //指定试次结束后所要执行的命令表达式
/ postinstructions = (pagename, pagename, pagename, ...) //指定区组结束后给被试呈现的指导语
/ preinstructions = (pagename, pagename, pagename, ...) //指定运行区组前给被试呈现的指导语
/ recorddata = boolean //指定是否记录该区组的数据,取值为 true 或 false
/ response = responsename or timeout(milliseconds) or window(center, width, stimulusname) or responsemode //设置被试的反应方式
/ screencolor = (red expression, green expression, blue expression) //指定屏幕背景颜色 RGB 值
/ skip = [expression; expression; expression; ...] //指定何条件下跳过该区组
/ stop = [expression; expression; expression; ...] //指定何条件下终止区组的运行
/ timeout = integer expression //超时时间,该时间是针对整个区组的超时时间
/ trials = [trialnumber, trialnumber = trialname; trialnumber-trialnumber = selectmode (trialname, trialname, ...); trialnumber, trialnumber-trialnumber = trialname] //指定该区组中包含的试次,如果同一次试次被赋予多个试次编号,则该次试次运行多次

</block>

2.3.5 自定义指导语

本示例程序中首先定义名为 instructiontxt 条目对象,其中包含 3 条指导语(实际可以显示在一起,分开为演示之用)。然后定义了名为 instructiontxt 和 spacebar 的文本对象,接下来是名为 instruction 的 trial 对象和 block 对象;最后是未命名的实验对象。

实验对象通过 blocks 参数调用 instruction 区组;而 instruction 区组通过 trials 参数调用名为 instruction 的 trial 对象;instruction 试次对象通过 stimulusframes 参数调用名为 instructiontxt 和 spacebar 的文本对象;在 instructiontxt 文本对象中又通过 items 参数引用 instructiontxt 条目库。

exp3.exp 程序代码如下:

```
**********************************************************
<item instructiontxt> //定义名为 instructiontxt 的条目,条目中包括 3 条文本信息
    /1 = "请将左右手的食指放在键盘上的 E 和 I 键上,屏幕中央会呈现一"十"字,实验过程中请
          注视屏幕中央的十字。"
    /2 = "在十字注视点的左侧或右侧会出现一个圆,当其出现在左侧时,请按 E 键,当其出现在右
          侧时,请按 I 键。"
    /3 = "在此过程中,注意保持注视点在屏幕中央的十字上。"
</item>

定义刺激
-------------------

<text instructiontxt> //定义名为 instructiontxt 的文本对象
    / items = instructiontxt //该文本对象的内容引用 instructiontxt 条目中的内容
    / size = (640,480) //文本显示在 640×480 大小的区域中
    / select = sequence(1,2,3) //引用方式:此处指定按照 1,2,3 的顺序引用,即第一次调用 in-
                                structiontxt 文本对象时,使用 instructiontxt 条目中所定义
                                的第 1 个条目;第二次调用 instructiontxt 文本对象时,使用
                                instructiontxt 条目中所定义的第 2 个条目,以此类推
    / fontstyle = ("宋体",24pt) //使用 24 点阵的宋体显示文本
    / txcolor = (0,0,255) //文本的颜色为蓝色
</text>
<text spacebar> //定义名为 spacebar 的文本对象
    / items = ("按空格键继续") //直接在括号中定义文本内容
    / vposition = 85pct //文本信息显示屏幕高度的 85% 处
    / fontstyle = ("黑体",22px)
    / txcolor = (255,0,0)
</text>
```

定义试次

⟨trial instruction⟩ //定义名为 instructin 的试次对象

　　/ validresponse = (" ") //指定有效按键为空格键,被试按其他键无反应(中止实验程序运行的按键除外)

　　/ stimulusframes = [1 = instructiontxt,spacebar] //指定试次执行后文本显示在第 1 帧,且 instructiontxt 和 spacebar 文本对象同时显示

⟨/trial⟩

定义区组

⟨block instruction⟩ //定义名为 instruction 的区组

　　/ trials = [1—3 = instruction] //区组包含 3 次试次,也可以写为[1,2,3 = instruction],此处的 instruction 对象为试次对象

⟨/block⟩

定义实验

⟨expt⟩

　　/ blocks = [1 = instruction] //此处 instruction 对象为区组对象,该对象运行 1 次

⟨/expt⟩

****

程序运行后,结果如图 2-4 所示。

图 2-4　程序运行结果

从代码中看出条目对象和文本对象具有相同的名字,而试次对象和区组对象也具有相同的名字。但由于不同对象之间具有一定上下级关系,并不会发生混淆,即实验对象通过 blocks 参数只能引用 block 对象;block 对象通过 trials 参数只能引用 trial 对象或 surveypage 对象(参见 2.9 和 2.20);而 trial 对象通过 stimulusframes 或 stimulustimes 参数只能引用文本、图片、声音或视频对象;所以只要相同级别的对象不重名,就不会发生混淆;当定义了同名同一级别的对象时(例如同名的 picture 和 text 对象),在 trial 中通过 stimulusframes 或 stimulustimes 参数引用时,哪个对象定义在前则调用哪个,即如果 picture 对象定义在 text 前则调用同名的 picture 对象。

2.4 网页型指导语程序示例

Inquisit 提供了格式化页面更简捷的方式,通过〈htmlpage〉标记符对网页文件的引用,可以设计更加丰富多采的指导语。

2.4.1 〈htmlpage〉标记符

在使用〈htmlpage〉标记符时,其中引用的网页文件须是常用的 HTML 标记符,由于 Inquisit 的解析能力有限,过于复杂的网页文件,Inquisit 无法解析,甚至会导致程序非正常退出。〈htmlpage〉格式如下:

```
〈htmlpage htmlpagename〉//定义名为 htmlpagename 的网页页面对象
    / file = "path" //指定网页文件(注意路径的使用),可以是本地网页,也可以是 WEB 服务器上
              网页文件(例如:http://www.suda.edu.cn)
〈/htmlpage〉
```

2.4.2 〈defaults〉标记符

〈defaults〉标记符如其名字,用于设置默认参数的属性值,这样可以缩减代码的书写量,在〈defaults〉标记符内定义的默认参数会作用于整个实验中的对象(screencolor 除外)。如果某个对象需要使用不同的属性值,则在该对象的定义中重新指定相应的参数即可。一般常用的默认参数为 screencolor、txcolor、txbgcolor、fontstyle、pretrialpause 和 posttrialpause。其格式如下:

```
〈defaults〉//设置默认参数,如果在其他对象的定义中没有指定某些参数值,则使用此处定义的
              参数值
    / blockfeedback = (metric, metric, metric, ...) //当被试完成某个区组(block)时,显示的
              统计信息 metric 可设为:meanlatency(该区组的平均反应时)、medianla-
              tency(该区组的反应时的中位数)、window(反应时介于时间窗的比例)和
```

correct(该区组正确反应的百分比)

/ combaudrates = (port = baudrate, port = baudrate, port = baudrate, ...) //设置串口的波特率,如 com1 = 9600 等

/ correctresponse = ("character", "character", ...) or (scancode, scancode, ...) or (stimulusname, stimulusname, ...) or (mouseevent, mouseevent, ...) or (joystickevent, joystickevent, ...) or ("word, word, ...") or (keyword) //正确反应对应的键码等,即被试做何反应被认为是正确的,参见 2.3.3

/ displaymode = (width, height, refreshrate, bitsperpixel) //设置显示器的分辨率,刷新频率及色深,如/displaymode = (1024, 768, 0, 0),表示屏幕分辨率为 1024×768,但不改变显示器当前的刷新频率和颜色分辨率;如果不设置该参数,则使用当前的显示配置运行实验,高版本的 Inquisit 中该参数已被弃用

/ endlock = true("message") or false //实验结束后是否锁定屏幕(取值为 true 或 false),例如/endlock = true("请告知实验员你已完成实验"),当实验结束后,屏幕被置为黑色并在屏幕中央显示"请告知实验员你已完成实验"。使用"Ctrl + End"退出该屏幕

/ fontstyle = ("face name", height, bold, italic, underline, strikeout, quality, character set) //设置默认字体样式

/ halign = alignment //相对于当前坐标的水平对齐方式,center(居中)、left(左对齐)和 right(右对齐)

/ inputdevice = modality //设置默认输入设备

/ joystickthreshold = integer //指定游戏杆动作的敏感性阈限,取值范围 0—100,0 表示游戏杆稍微一动就当作被试作出反应;100 表示只有在指定方位作出最大幅度的动作才计为被试作出反应

/ lptaddresses = (port = address, port = address, port = address, ...) //指定并口设备的地址,一般而言,Inquisit 会自动识别标准并口设备的地址,对于扩展设备,则可能需要手工指定(地址用十六进制表示)

/ minimumversion = "version" //运行实验程序所需最低版本号,如/ minimumversion = "3.0.0.0" 表示至少是 3.0 以上的版本

/ position = (x expression, y expression) //指定刺激在屏幕上显示的位置,亦作为对齐基准点使用

/ posttrialpause = integer expression //指定默认的试次结束后的暂停时间

/ pretrialpause = integer expression //指定默认的试次开始前的暂停时间

/ quitcommand = (command key + scancode) //实验中途退出按键,command key 可指定为 Alt、Ctrl、Shift、Win 命令键或它们的组合键;scancode 为按键扫描码(参见附录一),也可以指定为键名,例如/ quitcommand = (Ctrl + Alt + "A"),表示组合键"Ctrl + Alt + A"可以中途退出正运行的实验,Inquisit 内置的中止快捷键"Ctrl + Q"同

时有效

/ resetinterval = integer //设定实验运行多少个区组后,重置计数器,即先前已被选过的条目重新加入选择池中,对于选择模式 replace 或 replacenorepeat 无影响

/ screencolor = (red expression, green expression, blue expression) //屏幕颜色,指定 RGB 值

/ txbgcolor = (red expression, green expression, blue expression) or (transparent) //文本背景色,指定 RGB 值或设置透明(transparent)

/ txcolor = (red expression, green expression, blue expression) //文本颜色,指定 RGB 值,在程序中有时把其设为与背景色相同大有用途

/ validresponse = ("character", "character",...) or (scancode, scancode,...) or (stimulusname, stimulusname,...) or (mouseevent, mouseevent,...) or (joystickevent, joystickevent,...) or ("word, word,...") or (keyword) //有效的反应键

/ valign = alignment //垂直对齐方式,center(居中)、top(顶部对齐)和 bottom(底部对齐)

/ windowsize = (width expression, height expression) //指定刺激显示的窗口大小,单位可以是像素(px)、百分比(% 或 pct)、点(pt)、百米(cm)、毫米(mm)或英寸(in)

</defaults>

2.4.3 网页型指导语

本示例程序利用⟨htmlpage⟩标记符指定相应的指导语网页文件,来显示实验指导语,程序 exp4.exp 代码如下:

⟨htmlpage introduction⟩ //定义名为 introduction 的网页页面对象
　　/ file = "intro.htm" //指定网页文件
⟨/htmlpage⟩
⟨expt⟩ //实验对象
　　/ preinstructions = (introduction) //指定实验指导语
⟨/expt⟩
⟨defaults⟩ //默认参数设置
　　/ inputdevice = mouse //将输入设备界定为鼠标(因为网页中常包含链接,使用鼠标操作更方便,比如本示例中的 logo 标志为图片链接对象)
⟨/defaults⟩

程序运行结果如图 2-5 所示:

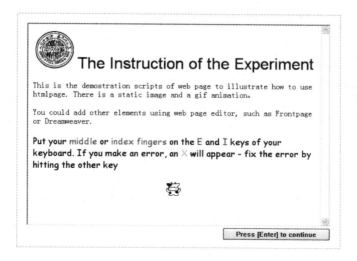

图 2-5　程序运行结果

网页文件 intro.htm 内容如下：

〈html〉
〈head〉
〈title〉网页型指导语〈/title〉
〈/head〉
〈body〉
〈p〉align = "center"〉〈a href = "http://www.suda.edu.cn" target = "_blank"〉〈img border = 0 width = 76 height = 76 src = "logo.jpg" name = gl〉〈/a〉〈font face = "Arial" size = "6"〉The Instruction of the Experiment〈/font〉〈/p〉

〈p〉This is the demostration scripts of web page to illustrate how to use htmlpage. There is a static image and a gif animation。〈/p〉

〈p〉You could add other elements using web page editor, such as Frontpage or Dreamweaver.〈/p〉

〈p〉〈font face = "Comic Sans MS" size = "4"〉Put your 〈font color = "#FF00FF"〉middle〈/font〉 or 〈font color = "#FF00FF"〉index fingers〈/font〉 on the 〈font color = "#FF0000"〉E〈/font〉 and 〈font color = "#FF0000"〉I 〈/font〉 keys of your keyboard. If you make an error, an 〈font color = "#00FF00"〉X〈/font〉 will appear-fix the error by hitting the other key〈/p〉

〈p align = "center"〉 〈img src = "gl.gif"〉 〈/p〉
〈/body〉
〈/html〉

2.5　第一个实验（奇偶判断）程序示例

前文所述的实验程序示例，仅仅是显示指导语，下面以真正实验为例讲述，第一个实验为奇偶判断。实验的内容是屏幕中央出现 1—8 之间某个数字，要求被试判断是奇数还是偶数,如果是奇数则按"Z"键;如果是偶数,则按"/"键。

程序 exp5.exp 代码如下:

****

```
<item oddnumbers>  //定义 oddnumbers 条目,其中存放奇数列
    /1 = "1"
    /2 = "3"
    /3 = "5"
    /4 = "7"
</item>
<item evennumbers>  //定义 evennumbers 条目,其中存放偶数列
    /1 = "2"
    /2 = "4"
    /3 = "6"
    /4 = "8"
</item>
```

....

定义刺激

....

```
<text oddtxt>  //定义 oddtxt 文本对象
    / items = oddnumbers  //文本内容引用 oddnumbers 条目中奇数
    / fontstyle = ("Arial",5pct)  //使用 5% 屏幕高度大小的 Arial 字体来显示数字
    / txbgcolor = (0,0,0)  //数字的背景色为黑色
    / txcolor = (255,255,255)  //数字的显示颜色为白色
</text>
<text eventxt>  //定义 eventxt 文本对象,各参数含义参见 oddtxt 文本对象的定义
    / items = evennumbers
    / fontstyle = ("Arial",5%)
    / txbgcolor = (0,0,0)
    / txcolor = (255,255,255)
</text>
```

....

定义试次

....

```
<trial oddtrial>  //定义 oddtrial 试次对象
    / pretrialpause = 500  //试次前暂停 500 毫秒
    / validresponse = ("Z","/")  //有效按键为 E 和 I 键
    / correctresponse = ("Z")  //正确按键为 E 键
    / stimulusframes = [1 = oddtxt]  //引用 oddtxt 文本对象
```

</trial>

<trial eventrial> //定义 eventrial 试次对象,各参数含义参见 oddtrial 试次对象的定义
    / pretrialpause = 500
    / validresponse = ("Z","/")
    / correctresponse = ("/")
    / stimulusframes = [1 = eventxt]
</trial>
....

定义区组
....

<block oddevenblk> //定义 oddevenblk 区组对象
    / screencolor = (0,0,0) //屏幕颜色设置为黑色
    / blockfeedback = (meanlatency,correct) //区组结束后,显示平均反应时和正确率
    / trials = [1—16 = noreplace(oddtrial,eventrial)] //执行 16 次试次,其中奇数 8 次,偶数
                                                       8 次,由于奇数和偶数各有 4 个,因此
                                                       每个数字执行 2 次
</block>
....

定义实验
....

<expt>
    / blocks = [1 = oddevenblk]
</expt>
****

2.6 加入注视点和反馈程序示例

在 2.5 节的程序示例中,没有给被试显示注视点(可以让被试集中注意,也可以向被试暗示目标刺激马上就要出现),也没有为被试提供任何的反馈信息。在加入注视点和反馈程序示例中加入上述内容和指导语,exp6.exp 程序代码如下:

判断 1～8 之间数的奇偶
****
<item oddnumbers>
    /1 = "1"
    /2 = "3"
    /3 = "5"

/4 = "7"
〈/item〉
〈item evennumbers〉
　　/1 = "2"
　　/2 = "4"
　　/3 = "6"
　　/4 = "8"
〈/item〉

定义刺激

〈text oddtxt〉//oddtxt 文本对象中放置奇数
　　/ items = oddnumbers
　　/ fontstyle = ("Arial",5pct)
　　/ txbgcolor = (0,0,0)
　　/ txcolor = (255,255,255)
〈/text〉
〈text eventxt〉//eventxt 文本对象中放置偶数
　　/ items = evennumbers
　　/ fontstyle = ("Arial",5%)
　　/ txbgcolor = (0,0,0)
　　/ txcolor = (255,255,255)
〈/text〉
〈text correctmsg〉//定义名为 correctmsg 的文本反馈对象,当被试反应正确时显示
　　/ items = ("√")
　　/ fontstyle = ("Arial",5%)
　　/ txbgcolor = (transparent)
　　/ txcolor = (255,0,0)
〈/text〉
〈text errormsg〉//定义名为 errormsg 的文本反馈对象,当被试反应错误时显示
　　/ items = ("×")
　　/ fontstyle = ("Arial",5%)
　　/ txbgcolor = (transparent)
　　/ txcolor = (255,0,0)
〈/text〉
〈text fixation〉//定义名为 fixation 的文本对象,作为注视点使用
　　/ items = ("+")
　　/ fontstyle = ("Arial",5%)

    / txbgcolor = (transparent)
    / txcolor = (255,255,255)
</text>
<text instructiontxt> //定义名为 instructiontxt 的文本对象,作为指导语
    / hjustify = left
    / items = ("请将左手和右手的食指分别放在键盘上的"Z"和"/"键上;在屏幕的中央会随机出现 1~8 之间的数字,请判断数的奇偶;如果是奇数(1、3、5、7)请按"Z"键,如果是偶数(2、4、6、8)请按"/"键。")
    / size = (640,100)
    / fontstyle = ("宋体",24pt)
    / txcolor = (0,255,0)
    / txbgcolor = (transparent)
</text>
<text anykeytxt> //定义名为 anykeytxt 的文本对象,提示被试按任意键开始实验
    / items = ("按任意键开始实验")
    / vposition = 70pct
    / fontstyle = ("Arial",24pt)
    / txcolor = (255,0,0)
    / txbgcolor = (transparent)
</text>

定义试次

<trial instruction> //定义名为 instruction 的试次对象
    / validresponse = (anyresponse) //设置被试的有效反应键为任意键
    / stimulusframes = [1 = instructiontxt,anykeytxt] //执行此试次时,在屏幕上同时显示指导语和按键的提示信息
    / recorddata = false //不记录此试次对象的数据
</trial>

<trial oddtrial> //定义名为 oddtrial 的试次对象
    / correctmessage = (correctmsg,500) //设置正确反馈信息,此信息呈现 500 毫秒
    / errormessage = (errormsg,500) //设置错误反馈信息,此信息呈现 500 毫秒
    / pretrialpause = 500 //在试次开始前暂停 500 毫秒,给被试的准备时间
    / validresponse = ("Z","/") //设置有效按键
    / correctresponse = ("Z") //由于该试次对象中呈现为奇数(要求奇数时按"Z"键),因此设置正确按键为"Z"键
    / stimulustimes = [1 = fixation;500 = oddtxt] //设置呈现的刺激对象,注视点显示 500 毫

秒,然后是数字,它们相继呈现

`</trial>`

`<trial eventrial>` //定义名为 eventrial 的试次对象,可参见 oddtrial 对象的定义
  / correctmessage = (correctmsg,500)
  / errormessage = (errormsg,500)
  / pretrialpause = 500
  / validresponse = ("Z","/")
  / correctresponse = ("/")
  / stimulustimes = [1 = fixation;500 = eventxt]
`</trial>`

定义区组

`<block oddevenblk>` //定义名为 oddevenblk 的区组对象
  / screencolor = (0,0,0) //屏幕颜色设置为黑色
  / blockfeedback = (meanlatency,correct) //完成此区组时,显示平均反应时及正确率
  / trials = [1—48 = noreplace(oddtrial,eventrial)] //奇数判断区组,共 48 次奇偶判断试次
`</block>`
`<block instruction>` //定义名为 instruction 的区组对象,用于显示指导语
  / screencolor = (0,0,0)
  / trials = [1 = instruction]
`</block>`

定义实验

`<expt>`
  / blocks = [1 = instruction; 2 = oddevenblk] //首先运行 instruction 区组,然后是 oddeven-
    blk 区组,即首先呈现指导语,然后进行奇数判断试次
`</expt>`

****

2.7 图片显示(心理旋转实验)程序示例

  心理旋转(mental rotation)指单凭心理运作(不靠实际操作),将所知觉之对象予以旋转,从而获得正确知觉经验的心理历程。心理旋转是 20 世纪 70 年代,库柏和谢波德所做的一个经典减法反应时实验范式。在实验中选取非对称性的字母或数字为实验材

料,根据"正"、"反"以及不同的倾斜度(0°、60°、120°、180°、240°和300°),构成12种情况。被试的任务是不管倾斜度如何,只要判断字母是正的还是反的。本程序通过心理旋转实验演示如何在程序中使用图片刺激材料,首先制作了12张图片,分别为不同倾斜度的"正"、"反"大写字母R,然后通过〈picture〉标记符调用这些图片。

2.7.1 〈picture〉标记符

如果在程序中需要显示图片刺激,则必须通过〈picture〉〈/picture〉标记符来定义图片对象(在调查页面中是通过〈image〉〈/image〉标记符加入图片),下面我们先看一下该标记符的使用格式。如果在程序中使用图片文件,则需要根据图片所在位置,使用合适的路径来加载图片文件。另外为了提高程序运行的性能,在 Inquisit 运行实验程序之前会装载其中所有的图片至内存中,这样可以使程序的运行更流畅。

格式如下:

〈picture picturename〉 //picturename 为图片的名称
    / erase = true(red expression, green expression, blue expression) or false //在试次结束后,图片对象是否被擦除,false 为不擦除,true 为擦除,且可以在其后括号中指定擦除所使用的颜色,默认为使用背景色擦除图片刺激
    / halign = alignment //图片对象在屏幕上以屏幕中心(或以 hposition 参数值)为基准点的对齐方式,可以是 center(居中)、left(左对齐)和 right(右对齐)
    / hposition = x expression //设置水平基准点
    / items = itemname or ("item", "item", "item", ...) //设置条目内容,可以是事先定义的条目名称,也可以直接在括号中放置条目列表
    / position = (x expression, y expression) //设置图片显示中心的位置,默认值为屏幕中心,x 坐标和 y 坐标可分别以 px、pt、pct、%、cm、mm 或 in 为单位,默认为 pct
    / select = integer or selectionmode or selectionmode(pool) or dependency(stimulusname) or dependency(countername) or countername //从列表中选取某条目的方法
    / selectionrate = rate
    / size = (width expression, height expression) //指定图片的长和宽,单位参见 position
    / transparentcolor = (red expression, green expression, blue expression) //指定透明颜色
    / valign = alignment //图片对象在屏幕上以屏幕中心(或以 vposition 参数值)为基准点的对齐方式,参见 halign
    / vposition = y expression //设置垂直基准点
〈/picture〉

2.7.2 心理旋转实验

程序 exp7.exp 为心理旋转实验,要求被试判断在屏幕中心呈现的旋转一定角度的字母"R"的正反。如果为正,则按"Z"键;如果为反,则按"/"键。其代码如下:

****

定义刺激

```
<picture normalR> //定义名为 normalR 的图片对象,其中存放旋转各角度的字母正"R"
    / items = ("N0.jpg","N60.jpg","N120.jpg","N180.jpg","N240.jpg","N300.jpg") //括号中
              为图片文件的文件名,其所在位置是相对于程序文件 exp6.exp 所在的位置而言,图
              片和程序如果在同一目录下,则可以直接写文件名,如果不在同一目录下,比如把
              图片存放在程序文件所在目录下的 images 目录下,则须写为"images\N0.jpg"等
    / size = (150,150) //图片显示区域为 150×150
</picture>
<picture mirrorR> //定义名为 mirrorR 的图片对象,其中存放旋转各角度的字母反"R"
    / items = ("M0.jpg","M60.jpg","M120.jpg","M180.jpg","M240.jpg","M300.jpg")
    / size = (150,150)
</picture>
<text correctmsg> //定义名为 correctmsg 的文本反馈对象,当被试反应正确时显示
    / items = ("√")
    / fontstyle = ("Arial",5%)
    / txbgcolor = (transparent)
    / txcolor = (255,0,0)
</text>
<text errormsg> //定义名为 errormsg 的文本反馈对象,当被试反应错误时显示
    / items = ("×")
    / fontstyle = ("Arial",5%)
    / txbgcolor = (transparent)
    / txcolor = (255,0,0)
</text>
<text fixation> //定义名为 fixation 的文本对象,作为注视点使用
    / items = ("+")
    / fontstyle = ("Arial",5%)
    / txbgcolor = (transparent)
    / txcolor = (255,255,255)
</text>
<text instructiontxt> //定义名为 instructiontxt 的文本对象,作为指导语
```

```
        / hjustify = left
        / items = ("请将左手和右手的食指分别放在键盘上的"Z"和"/"键上;在屏幕的中央会出现旋
                转一定角度的或正或反的大写字母"R",请判断其正反;如果是正的大写"R",请按
                "Z"键;如果是反的大写字母"R",请按"/"键。")
        / size = (640,100)
        / fontstyle = ("宋体",24pt)
        / txcolor = (0,255,0)
        / txbgcolor = (transparent)
</text>
<text anykeytxt> //定义名为 anykeytxt 的文本对象,提示被试按任意键开始实验
        / items = ("按任意键开始实验")
        / vposition = 70pct
        / fontstyle = ("Arial",24pt)
        / txcolor = (255,0,0)
        / txbgcolor = (transparent)
</text>
<text blank> //定义名为 blank 的文本对象,用于覆盖字母"R",使其显示指定时间
        / items = (" ")
        / txbgcolor = (0,0,0)
        / size = (150,150) //显示区域与图片区域一致
</text>
```

定义试次

```
<trial instruction> //定义名为 instruction 的试次对象
    / validresponse = (anyresponse) //设置被试的有效反应键为任意键
    / stimulusframes = [1 = instructiontxt,anykeytxt] //执行此试次时,在屏幕上同时显示指
                                                        导语和按键的提示信息
    / recorddata = false //不记录此试次对象的数据
</trial>
<trial normaltrial> //定义名为 normaltrial 的试次对象
    / correctmessage = (correctmsg,500) //设置正确反馈信息,此信息呈现 500 毫秒
    / errormessage = (errormsg,500) //设置错误反馈信息,此信息呈现 500 毫秒
    / posttrialpause = 1000 //某次试次结束后暂停 1000 毫秒,给被试的准备时间
    / validresponse = ("Z","/") //设置有效按键
    / correctresponse = ("Z") //由于该试次对象中呈现为正 R(要求此时按"Z"键),因此设置正
                                确按键为"Z"键
    / stimulustimes = [1 = fixation;500 = normalR; 700 = blank] //设置呈现的刺激对象,注视
```

点显示 500 毫秒，然后是正"R"，它们相继呈现，接着调用 blank 覆盖"R"，此处"R"显示大约 200 毫秒

```
</trial>
<trial mirrortrial> //定义名为 mirrortrial 的试次对象，可参见 normaltrial 对象的定义
    / correctmessage = (correctmsg,500)
    / errormessage = (errormsg,500)
    / posttrialpause = 1000
    / validresponse = ("Z","/")
    / correctresponse = ("/")
    / stimulustimes = [1 = fixation;500 = mirrorR;700 = blank]
</trial>
```

....

定义区组

....

```
<block mentalrotationblk> //定义名为 mentalrotationblk 的区组
    / screencolor = (0,0,0)
    / blockfeedback = (meanlatency,correct)
    / trials = [1—48 = noreplace(normaltrial,mirrortrial)] //共包含 48 次试次
</block>
<block instruction> //定义名为 instruction 的指导语
    / screencolor = (0,0,0)
    / trials = [1 = instruction]
</block>
```

....

定义实验

....

```
<expt>
    / blocks = [1 = instruction;2 = mentalrotationblk]
</expt>
```

****

2.8　使用声音（部分报告法 1）程序示例

在心理学实验中声音常常作为反馈信息，有时也使用不同的音调作为提示信息，在 Inquisit 中既可以利用系统扬声器的哔哔声，也可以播放音频文件，例如进行声音掩蔽实验，在 Inquisit 中同时还提供了对声音文件的一些控制，例如音量和左右声道的衰减等，可惜 Inquisit 并不支持 mp3 和 wma 格式的音频文件。

2.8.1 〈sound〉标记符

如果在程序中使用声音,则需要定义声音刺激,在 Inqusit 中可以使用的音频格式有 midi(Musical Instrument Digital Interface,乐器数字传接口)、wav(Windows Media Audio,波形声音文件)、snd(Sound,苹果公司开发的音频格式文件)、au(Audio,音频格式文件)和 aiff(Audio Interchange File Format,音频交换文件格式),使用不同格式的音频文件,需要安装相应的音频解码器,否则声音文件无法播放。定义声音刺激的格式如下:

〈sound soundname〉 //定义名为 soundname 的声音对象
  / erase = true(red expression, green expression, blue expression) or false //在试次对象结束时是否停止播放声音,false 为不停止,继续播放;true 为停止,此时括号中的 RGB 值没有意义,即可以随便取值
  / items = itemname or ("item", "item", "item",...) //声音文件条目
  / pan = integer //设置左右声道相对的音量,取值范围为—10 000 至 10 000。0 值表示左右声道均为当前音量的最大值,其他数值表示一个声道为最大值,另一声道衰减相应的分贝。例如,此值设为 2500,表示右声道衰减 25 分贝,左声道为最大值(它依赖于通过 Windows 系统的音量控制所设置主音量或 volume 参数值)。默认值为 0
  / playthrough = boolean //是否声音播放完毕后,被试的反应才有效,默认值为 false
  / select = integer or selectionmode or selectionmode(pool) or dependency(stimulusname) or dependency(countername) or countername //从条目库中选择声音的方式
  / selectionrate = rate
  / volume = integer //对音量进行调整,取值范围为 0 至 -10 000,0 表示不对当前主音量进行调整,其他值要对其进行衰减(百分之一分贝),衰减 10 分贝,则音量降低为二分之一;衰减 20 分贝,则音量降低为四分之一,Inquisit 不支持音量放大,默认值为 0。Pan 值具有累积效应,比如 volumn 设为 -1000,pan 值设为 1000,则右声道衰减为四分之一
〈/sound〉

除此之外,本示例程序中还用到了如下标记符。

2.8.2 〈shape〉标记符

〈shape〉标记符用于定义填充的形状,Inquisit 提供了三种常见形状(矩形、圆和三角形)的简单定义,可以指定填充的颜色以及形状的大小。其格式如下:

〈shape shapename〉 //shapename 为形状对象名
  / color = (red expression, green expression, blue expression) //矩形的颜色(括号中为 RGB 值)
  / erase = true(red expression, green expression, blue expression) or false //试次结束后是否擦除矩形

```
/ halign = alignment   //矩形的对齐方式(center、left 和 right)
/ hposition = x expression   //水平位置
/ position = (x expression, y expression)   //通过 x 坐标和 y 坐标指定具体位置
/ shape = shapename   //形状名称,可以取值 rectangle(矩形)、circle(圆)和 triangle(三角
                       形),如果不声明,则默认为矩形
/ size = (width expression, height expression)   //矩形大小
/ valign = alignment   //垂直对齐方式(center、top 和 bottom)
/ vposition = y expression   //垂直位置
</shape>
```

2.8.3 部分报告法 1

部分报告法(Partial Report)由斯波灵(Sperling)于 1960 年发明,与全部报告法(Whole Report)相对,它只要求被试将指定的一部分报告出来,而不是报告全部。但事先被试并不知道要求报告的部分,而是事后才告诉被试需要报告的内容,因此仍然需要被试尽可能地记住所有的刺激对象,但部分报告法避免了由于报告过程"本身"对材料保持的影响,这样相对于全部报告法所测得的回忆成绩明显提高。

程序 exp8.exp,在屏幕中央呈现 3×3 栅格显示的 9 个英文字母,呈现时间为 150 毫秒,随即被试会听到高、中、低三音调之一随机选取,分别表示要求被试报告第一行、第二行或第三行的 3 个英文字母。程序的代码如下:

```
部分报告法实验
******************************************
<item instruction>   //定义名为 instruction 的指导语条目
    /1 = "你首先会听到三种音调(高、中、低)的声音,请记住它们的区别,在后面的实验中你还会
          听到这三种音调。"
    /2 = "请注视十字,屏幕中央会呈现 3 行字母,时间非常短,请集中注意力,尽可能记住所有字
          母,听到高音时报告首行字母,中音报告中间行,低音报告底行。"
</item>
<item chars>   //首先定义名为 chars 的条目库,其中包含 26 个英文字母
    /1 = "a"
    /2 = "b"
    /3 = "c"
    /4 = "d"
    /5 = "e"
    /6 = "f"
    /7 = "g"
    /8 = "h"
    /9 = "i"
```

/10 = "j"
/11 = "k"
/12 = "l"
/13 = "m"
/14 = "n"
/15 = "o"
/16 = "p"
/17 = "q"
/18 = "r"
/19 = "s"
/20 = "t"
/21 = "u"
/22 = "v"
/23 = "w"
/24 = "x"
/25 = "y"
/26 = "z"
</item>
<item ninechar> //定义名为 ninechar 的条目库用于存放被随机选出的 9 个英文字母
/1 = " "
/2 = " "
/3 = " "
/4 = " "
/5 = " "
/6 = " "
/7 = " "
/8 = " "
/9 = " "
</item>

定义刺激

<shape rect> //定义名为 rect 的矩形对象,用于覆盖所呈现的字母
　　/ size = (25%,25%) //矩形的大小
　　/ color = black //矩形的颜色
</shape>
<sound pitch> //定义名为 pitch 的声音对象
　　/ items = ("low.wav","middle.wav","high.wav") //直接用声音文件名设置 items 参数

</sound>
<text chars> //定义 chars 文本对象,其中放置的为 26 个英文字母之一
    / items = chars
    / txbgcolor = black //文本背景色为黑色
    / txcolor = black //文本色与背景色相同,该对象用于生成 9 个字母
</text>
<text char1> //定义名为 char1 的文本对象
    / items = ninechar //条目引用 ninechar
    / select = 1 //选择条目 1
    / fontstyle = ("Times New Roman",5pct) //定义字体样式
    / txbgcolor = black
    / txcolor = white
    / position = (45%,42%) //定义字母显示位置,即屏幕宽度的 45% 和高度的 42%
</text>
<text char2> //定义名为 char2 的文本对象,其设置与 char1 的定义类似
    / items = ninechar
    / select = 2 //选取第 2 个条目
    / txbgcolor = black
    / txcolor = white
    / fontstyle = ("Times New Roman",5pct)
    / position = (50%,42%) //此处在屏幕上的显示位置有变化
</text>
<text char3>
    / items = ninechar
    / select = 3
    / txbgcolor = black
    / txcolor = white
    / fontstyle = ("Times New Roman",5pct)
    / position = (55%,42%)
</text>
<text char4>
    / items = ninechar
    / select = 4
    / txbgcolor = black
    / txcolor = white
    / fontstyle = ("Times New Roman",5pct)
    / position = (45%,50%)
</text>

```
<text char5>
    / items = ninechar
    / select = 5
    / txbgcolor = black
    / txcolor = white
    / fontstyle = ("Times New Roman",5pct)
    / position = (50%,50%)
</text>
<text char6>
    / items = ninechar
    / select = 6
    / txbgcolor = black
    / txcolor = white
    / fontstyle = ("Times New Roman",5pct)
    / position = (55%,50%)
</text>
<text char7>
    / items = ninechar
    / select = 7
    / txbgcolor = black
    / txcolor = white
    / fontstyle = ("Times New Roman",5pct)
    / position = (45%,58%)
</text>
<text char8>
    / items = ninechar
    / select = 8
    / txbgcolor = black
    / txcolor = white
    / fontstyle = ("Times New Roman",5pct)
    / position = (50%,58%)
</text>
<text char9>
    / items = ninechar
    / select = 9
    / txbgcolor = black
    / txcolor = white
    / fontstyle = ("Times New Roman",5pct)
```

```
        / position = (55%,58%)
    </text>
    <text fixation>  //定义名为 fixation 的文本对象,作为注视点用
        / items = ("+")
        / fontstyle = ("Arial",3%)
        / txbgcolor = (transparent)
        / txcolor = (255,255,255)
    </text>
    <text instructiontxt>  //定义名为 instructiontxt 的文本对象,作为指导语用
        / hjustify = left
        / select = sequence
        / items = instruction
        / size = (640,100)
        / fontstyle = ("宋体",24pt)
        / txcolor = (0,255,0)
        / txbgcolor = (transparent)
    </text>
    <text anykeytxt>  //定义名为 anykeytxt 的文本对象,作为按键提示用
        / items = ("按任意键开始实验")
        / vposition = 70pct
        / fontstyle = ("Arial",24pt)
        / txcolor = (255,0,0)
        / txbgcolor = (transparent)
    </text>
```

定义试次

```
<trial char1>  //定义名为 char1 的试次对象,char2-char9 的定义类同
    / stimulusframes = [1 = chars]  //其中的刺激是文本对象 chars,由于其颜色与背景相同,因
                                     此被试在屏幕上不会看见
    / validresponse = (noresponse)  //不需要被试做任何反应
    / trialduration = 10  //持续时间仅 10 毫秒
    / ontrialend = [item.ninechar.1 = text.chars.currentitem]  //试次结束时,通过调用 text.
              chars.currentitem 属性值将随机选取的字母存入到 ninechar 条目库中(即作
              为第 1 个字母)
    / branch = [trial.char2]  //char1 试次对象运行结束后,自动调用 char2 试次对象(trial)
    / recorddata = false  //不记录实验数据,仅用于生成随机选取的 9 个字母
</trial>
```

```
<trial char2>
    / stimulusframes = [1 = chars]
    / validresponse = (noresponse)
    / trialduration = 10
    / ontrialend = [item.ninechar.2 = text.chars.currentitem]
    / branch = [trial.char3]
    / recorddata = false
</trial>
<trial char3>
    / stimulusframes = [1 = chars]
    / validresponse = (noresponse)
    / trialduration = 10
    / ontrialend = [item.ninechar.3 = text.chars.currentitem]
    / branch = [trial.char4]
    / recorddata = false
</trial>
<trial char4>
    / stimulusframes = [1 = chars]
    / validresponse = (noresponse)
    / trialduration = 10
    / ontrialend = [item.ninechar.4 = text.chars.currentitem]
    / branch = [trial.char5]
    / recorddata = false
</trial>
<trial char5>
    / stimulusframes = [1 = chars]
    / validresponse = (noresponse)
    / trialduration = 10
    / ontrialend = [item.ninechar.5 = text.chars.currentitem]
    / branch = [trial.char6]
    / recorddata = false
</trial>
<trial char6>
    / stimulusframes = [1 = chars]
    / validresponse = (noresponse)
    / trialduration = 10
    / ontrialend = [item.ninechar.6 = text.chars.currentitem]
```

```
    / branch = [trial.char7]
    / recorddata = false
</trial>
<trial char7>
    / stimulusframes = [1 = chars]
    / validresponse = (noresponse)
    / trialduration = 10
    / ontrialend = [item.ninechar.7 = text.chars.currentitem]
    / branch = [trial.char8]
    / recorddata = false
</trial>
<trial char8>
    / stimulusframes = [1 = chars]
    / validresponse = (noresponse)
    / trialduration = 10
    / ontrialend = [item.ninechar.8 = text.chars.currentitem]
    / branch = [trial.char9]
    / recorddata = false
</trial>
<trial char9>
    / stimulusframes = [1 = chars]
    / validresponse = (noresponse)
    / trialduration = 10
    / ontrialend = [item.ninechar.9 = text.chars.currentitem]
    / recorddata = false
</trial>
<trial instruction>  //定义名为 instruction 的试次(trial)对象
    / validresponse = (anyresponse)
    / stimulusframes = [1 = instructiontxt, anykeytxt]
    / recorddata = false
</trial>
<trial pitches>  //定义名为 pitches 的试次对象,用于正式实验前,让被试熟悉三种音调
    / stimulusframes = [1 = sequence(pitch)]  //从 pitch 条目库顺序选取声音刺激
    / validresponse = (noresponse)  //不需要被试按键
    / trialduration = 1000  //试次周期 1000 毫秒
    / posttrialpause = 2000  //试次结束后,暂停 2000 毫秒
    / recorddata = false  //不记录此试次对象的数据信息
```

</trial>
<trial ninechars> //定义名为 ninechar 的试次对象,此为被试可以看到刺激
    / stimulustimes = [1 = fixation;1500 = char1,char2,char3,char4,char5,char6,char7,
                    char8,char9;1650 = rect;2000 = pitch] //首先呈现注视点(1500 毫
                    秒);然后在 9 个位置同时显示 9 个字母,呈现时间 150 毫秒后,由与背景
                    同色的矩形将字母覆盖;最后呈现某个音调,提示被试报告哪一行的 3 个
                    字母
    / validresponse = (" ") //有效按键为空格键,此处作为开始下一试次的触发键来使用
</trial>

....

定义区组

....

<block partialreportblk> //定义名为 partialreportblk 的区组(block)对象
    / screencolor = (0,0,0) //屏幕颜色为黑色
    / trials = [1,3,5,7,9,11,13,15,17,19,21,23,25,27,29 = char1;2,4,6,8,10,12,14,16,18,
              20,22, 24,26,28,30 = ninechars] //共运行 30 次试次,其中被试实际完成为 15
              次,有 15 次(奇数序列)作为随机生成 9 个字母来使用。即从字母库中随机选取不
              重复的 9 个字母,然后再把这 9 个字母呈现在屏幕上
</block>
<block instruction> //定义指导语区组(block)对象
    / screencolor = (0,0,0)
    / trials = [1 = instruction]
</block>
<block familiarpitch> //定义 familiarpitch 区组(block)对象,让被试熟悉三个音调
    / screencolor = black //屏幕颜色为黑色
    / trials = [1—3 = pitches] //按照顺序播放高、中、低三个音调
</block>

....

定义实验

....

<expt partialreport> //定义名为 partialreport 的实验(experiment)对象
    / blocks = [1 = instruction;2 = familiarpitch;3 = instruction;4 = partialreportblk] //先
              向被试呈现指导语条目 1 的内容(介绍熟悉三个音调),然后播放三个音调的音频
              文件;再向被试呈现正式实验部分的指导语,然后是正式实验部分
</expt>

* *

实验运行结果如图 2-6 所示:

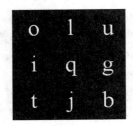

图 2-6　程序运行结果

2.9　屏幕输入答案(部分报告法 2)程序示例

在 2.8 节的示例中,被试在听到某音调时将对应某行的字母内容口头报告出来或者写在纸上,但实验程序无法将被试的答案记录下来,下面我们看一下如何利用在 Inquisit 3 版本中新加入的调查编制控件来接收被试的输入信息(更多的内容可参见第三章),先介绍本示例中使用的新的标记符〈textbox〉〈/textbox〉和〈surveypage〉〈/surveypage〉。

2.9.1　〈textbox〉标记符

〈textbox〉标记符用于定义文本输入框在被试输入信息时非常有用,Inquisit 将其置于调查的编制模块,与〈surveypage〉标记符(与 trial 对象级别相同)联合使用就可以达到获取被试输入信息的目的,不但可以设置被试输入掩码(即被试只能输入指定格式的内容,例如电子邮箱地址、数字、时间、日期等),而且可以设置正确答案,如图 2-7 所示。

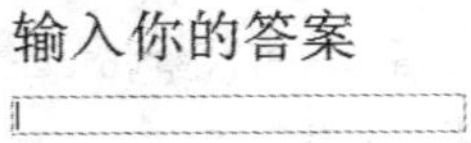

图 2-7　文本框

格式如下:〈textbox textboxname〉　//定义名为 textboxname 的文本框控件
　　　　/ caption = "text"　//设定文本框的标题,图 2-7 文本框中"输入你的答案"即为标题
　　　　/ correctresponse = ("word", "word", ...)　//设定被试输入什么内容,才是正确的内容(即标准答案)
　　　　/ fontstyle = ("face name", height, bold, italic, underline, strikeout, quality, character set)　//设定字体样式
　　　　/ mask = constraint or regular expression　//设定被试输入的屏蔽码(掩码),限定被试只能输入指定(格式)的内容,可以设为以下值:
　　　　　● alphabetic:只能输入字母
　　　　　● alphanumeric:只能输入字母和数字
　　　　　● creditcardnumber:只能输入 16 位的信用卡号,每 4 位用空格或短横分隔

- date：输入为日期，格式为"mm/dd/yyyy"，即"月/日/年"
- decimal：输入实数
- dollars：输入有效美元和分值数额
- emailaddress：输入有效的邮箱地址
- europeandate：输入欧洲日期，格式为"dd/mm/yyyy"，即"日/月/年"
- integer：输入整数
- ipaddress：输入 IP 地址
- negativeinteger：输入负整数
- negativeintegerozero：输入零或负整数
- positiveinteger：输入正整数
- positiveintegerorzero：输入零或正整数
- socialsecuritynumber：输入社会安全保障号
- time：输入时间，格式为"hh:mm"
- url：输入为网址
- ustelephonenumber：输入美国电话格式：nnn-nnn-nnnn
- uszipcode：按美国邮政编码格式输入
- 除上述定义的格式外，你还可以设定为某具体内容或通过表达式来自定义格式，如果不设定此参数内容，则被试可以输入任何内容

/ multiline = boolean //是否允许多行显示(true 或 false)，默认值为 false
/ position = (x expression, y expression) //指定其左上角的位置(包括标题在内)
/ range = (minimum, maximum) //设置被试输入值的有效范围，括号中为最小值和最大值，例如限定被试输入的年龄在 20—24 之间等
/ required = boolean //是否必须填写，默认值为 false
/ responsefontstyle = ("face name", height, bold, italic, underline, strikeout, quality) //设定被试输入内容的显示字体样式，参见 fontstyle 的设置
/ subcaption = "text" //设置小标题(或副标题)
/ subcaptionfontstyle = ("face name", height, bold, italic, underline, strikeout, quality)
//小标题的字体样式，参见 fontstyle 的设置
/ textboxsize = (width, height) //设置文本框的大小
/ txcolor = (red expression, green expression, blue expression) //设置文本颜色(目前似乎无效)
/ validresponse = ("word", "word", ...) //设置被试输入的有效内容列表

2.9.2 〈surveypage〉标记符

〈surveypage〉标记符从其名字上就可以看出是应用于调查的标记符，用于定制调查页面，在实际的调查问卷中可以有多页，在计算机屏幕上呈现调查内容，由于显示空间的

限制,也需要将调查内容放置在多个页面中(因 Inquisit 没有提供滚屏功能),往往是把相同或相类似的调查项目放置在同一页面中。但 Inquisit 提供的调查页面对象也有缺陷,当加入不同的调查项目时,Inquisit 并不能够对其进行自动排列,当超出页面的显示区域时不会自动转入下一页,幸好 Inquisit 对调查中使用的元素提供了位置定位参数。

调查页面对象的格式如下:

〈surveypage surveypagename〉
/ backkey = ("character") or (scancode) or (signal) //设置返回前一页面的按键,可以选择键名、扫描码(参见附录一:按键扫描码)或反应盒的输入信号
/ backlabel = "label" //返回前一页面的提示文本
/ branch = [if expression then event] //设置分支语句条件表达式
/ caption = "text" //设置页面标题
/ finishlabel = "label" //设置最后页面的提示文本
/ fontstyle = ("face name", height, bold, italic, underline, strikeout, quality, character set) //设置字体样式
/ inputdevice = modality //输入设备,可以设定为以下内容:
- keyboard:键盘
- mouse:鼠标
- mousekey:与鼠标类似,但鼠标光标不显示
- touchscreen:触摸屏
- speech:语音输入,并且由语音识别引擎对语音进行实时识别
- voicerecord:语音输入,只实时记录反应时,但把语音输入保存在 wav 文件中,以便人工识别被试的语音输入或借助于 Tools 的 Analyze Recorded Responses 菜单项来识别,并且程序会自动创建一名为 voicerecord 的目录,在其中存放声音文件,文件名以"程序名前缀_被试编号_日期_时间_block 号_trial 号.wav"的形式表示
- voicekey:语音输入,只实时记录反应时,不记录被试的语音
- joystick:游戏杆
- com〈n〉:指定为串口设备,如 com1、com2 等
- lpt〈n〉:指定为并口输入设备,如 lpt1、lpt2 等
/ inputmask = "bit mask" //当输入设备为并口输入时,指定输入掩码
/ itemfontstyle = ("face name", height, bold, italic, underline, strikeout, quality) //页面中各条目的显示字体样式
/ itemspacing = height or expression //指定条目间的垂直距离,单位可为百分比(% 或 pct)、像素(px)、点数(pt)、厘米(cm)、毫米(mm)或英寸(in)
/ navigationbuttonfontstyle = ("face name", height, bold, italic, underline, strikeout, quality, character set) //导航按钮的字体样式
/ navigationbuttonsize = (width, height) //导航按钮的大小
/ nextkey = ("character") or (scancode) or (signal) //到下一页面的反应键(见 backkey)
/ nextlabel = "label" //进入下一页面的提示文本
/ ontrialbegin = [expression; expression; ...] //设置试次执行前所要运行的表达式

/ ontrialend = [expression; expression;...] //设置(试次)结束后所要运行的表达式
/ questions = [questionnumber, questionnumber = questionname; questionnumber-questionnumber = selectmode (questionname, questionname,...); questionnumber, questionnumber-questionnumber = questionname] //调查的问题列表,其中questionnumber为非负整数指明问题编号;questionname是事先定义的问题名称;selectmode设置问题选择方式,可以取noreplace、noreplacenorepeat、replace、replacenorepeat和sequence,可参见2.1.1
/ recorddata = boolean //是否记录调查数据(true或false),默认值为true
/ responsefontstyle = ("face name", height, bold, italic, underline, strikeout, quality) //设置被试输入信息的字体样式
/ showbackbutton = boolean //是否显示返回上一页按钮(true或false),默认为true
/ showpagenumbers = boolean //是否显示页面序号(true或false),默认为true
/ showquestionnumbers = boolean //是否显示问题编号,默认值true
/ subcaption = "text" //设置小标题或副标题
/ subcaptionfontstyle = ("face name", height, bold, italic, underline, strikeout, quality) //小标题或副标题的字体样式
/ timeout = integer expression //设置超时时间,即使被试没有完成当前页面的调查,也会跳转至下一页面
/ trialduration = integer expression //设置试次运行的时间
/ txcolor = (red expression, green expression, blue expression) //设置文本颜色
</surveypage>

2.9.3 部分报告法2

程序exp9.exp除了加入文本输入框外,与程序exp8.exp功能相同,但程序只是记录被试输入的内容,并不判断被试的回答是否正确,其代码如下,与程序exp8.exp不同之处字体加粗显示。

****

<item instruction>
/1 = "你首先会听到三种音调(高、中、低)的声音,请记住它们的区别,在后面的实验中你还会听到这三种音调。"
/2 = "请注视十字,屏幕中央会呈现3行字母,时间非常短,请集中注意力,尽可能记住所有字母,听到高音时报告首行字母,中音报告中间行,低音报告底行,然后请在出现的文本框中输入你的答案,然后单击按钮继续。"
</item>
<item chars>
/1 = "a"

/2 = "b"
/3 = "c"
/4 = "d"
/5 = "e"
/6 = "f"
/7 = "g"
/8 = "h"
/9 = "i"
/10 = "j"
/11 = "k"
/12 = "l"
/13 = "m"
/14 = "n"
/15 = "o"
/16 = "p"
/17 = "q"
/18 = "r"
/19 = "s"
/20 = "t"
/21 = "u"
/22 = "v"
/23 = "w"
/24 = "x"
/25 = "y"
/26 = "z"
</item>

<item ninechar>
/1 = " "
/2 = " "
/3 = " "
/4 = " "
/5 = " "
/6 = " "
/7 = " "
/8 = " "
/9 = " "
</item>

```
……………………………………
定义刺激
……………………………………
<textbox answer> //定义名为 answer 的文本框对象
    / caption = "输入你的答案" //设置文本框的标题
    / required = false //不是必填项(因为被试可能答不上来)
    / position = (40%,60%) //文本框显示位置
    / mask = alphabetic //设定输入掩码(只能输入字母)
</textbox>
<surveypage answer> //定义名为 answer 的调查页面
    / showquestionnumbers = false //不显示问题编号
    / finishlabel = "进入下一试次,请注视十字" //结束调查的按钮标签
    / questions = [1 = answer] //问题项引用定义的文本框 answer
</surveypage>
<shape rect>
    / size = (25%,25%)
    / color = black
</shape>
<sound pitch>
    / items = ("low.wav","middle.wav","high.wav") //直接用声音文件名设置 items 参数
</sound>
<text chars>
    / items = chars
    / txcolor = black
</text>
<text char1>
    / items = ninechar
    / select = 1
    / fontstyle = ("Times New Roman",5pct)
    / position = (45%,42%)
</text>
<text char2>
    / items = ninechar
    / select = 2
    / fontstyle = ("Times New Roman",5pct)
    / position = (50%,42%)
</text>
<text char3>
```

```
    / items = ninechar
    / select = 3
    / fontstyle = ("Times New Roman",5pct)
    / position = (55%,42%)
</text>
<text char4>
    / items = ninechar
    / select = 4
    / fontstyle = ("Times New Roman",5pct)
    / position = (45%,50%)
</text>
<text char5>
    / items = ninechar
    / select = 5
    / fontstyle = ("Times New Roman",5pct)
    / position = (50%,50%)
</text>
<text char6>
    / items = ninechar
    / select = 6
    / fontstyle = ("Times New Roman",5pct)
    / position = (55%,50%)
</text>
<text char7>
    / items = ninechar
    / select = 7
    / fontstyle = ("Times New Roman",5pct)
    / position = (45%,58%)
</text>
<text char8>
    / items = ninechar
    / select = 8
    / fontstyle = ("Times New Roman",5pct)
    / position = (50%,58%)
</text>
<text char9>
    / items = ninechar
    / select = 9
```

    / fontstyle = ("Times New Roman",5pct)
    / position = (55%,58%)
⟨/text⟩
⟨text fixation⟩
    / items = (" + ")
    / fontstyle = ("Arial",3%)
⟨/text⟩
⟨text instructiontxt⟩
    / hjustify = left
    / select = sequence
    / items = instruction
    / size = (640,100)
    / fontstyle = ("宋体",24pt)
    / txcolor = (0,255,0)
    / txbgcolor = (transparent)
⟨/text⟩
⟨text anykeytxt⟩
    / items = ("按任意键开始实验")
    / vposition = 70pct
    / fontstyle = ("Arial",24pt)
    / txcolor = (255,0,0)
    / txbgcolor = (transparent)
⟨/text⟩
....

定义试次
....

⟨trial char1⟩
    / stimulusframes = [1 = chars]
    / validresponse = (noresponse)
    / trialduration = 10
    / ontrialend = [item.ninechar.1 = text.chars.currentitem]
    / branch = [trial.char2]
    / recorddata = false
⟨/trial⟩
⟨trial char2⟩
    / stimulusframes = [1 = chars]
    / validresponse = (noresponse)
    / trialduration = 10

```
        / ontrialend = [item.ninechar.2 = text.chars.currentitem]
        / branch = [trial.char3]
        / recorddata = false
</trial>
<trial char3>
        / stimulusframes = [1 = chars]
        / validresponse = (noresponse)
        / trialduration = 10
        / ontrialend = [item.ninechar.3 = text.chars.currentitem]
        / branch = [trial.char4]
        / recorddata = false
</trial>
<trial char4>
        / stimulusframes = [1 = chars]
        / validresponse = (noresponse)
        / trialduration = 10
        / ontrialend = [item.ninechar.4 = text.chars.currentitem]
        / branch = [trial.char5]
        / recorddata = false
</trial>
<trial char5>
        / stimulusframes = [1 = chars]
        / validresponse = (noresponse)
        / trialduration = 10
        / ontrialend = [item.ninechar.5 = text.chars.currentitem]
        / branch = [trial.char6]
        / recorddata = false
</trial>
<trial char6>
        / stimulusframes = [1 = chars]
        / validresponse = (noresponse)
        / trialduration = 10
        / ontrialend = [item.ninechar.6 = text.chars.currentitem]
        / branch = [trial.char7]
        / recorddata = false
</trial>
<trial char7>
        / stimulusframes = [1 = chars
```

/ validresponse = (noresponse)

/ trialduration = 10

/ ontrialend = [item.ninechar.7 = text.chars.currentitem]

/ branch = [trial.char8]

/ recorddata = false

</trial>

<trial char8>

/ stimulusframes = [1 = chars]

/ validresponse = (noresponse)

/ trialduration = 10

/ ontrialend = [item.ninechar.8 = text.chars.currentitem]

/ branch = [trial.char9]

/ recorddata = false

</trial>

<trial char9>

/ stimulusframes = [1 = chars]

/ validresponse = (noresponse)

/ trialduration = 10

/ ontrialend = [item.ninechar.9 = text.chars.currentitem]

/ recorddata = false

</trial>

<trial instruction>

/ validresponse = (anyresponse)

/ stimulusframes = [1 = instructiontxt, anykeytxt]

/ recorddata = false

</trial>

<trial pitches>

/ stimulusframes = [1 = sequence(pitch)]

/ validresponse = (noresponse)

/ trialduration = 1000

/ posttrialpause = 2000

/ recorddata = false

</trial>

<trial ninechars>

/ stimulustimes = [1 = fixation; 1500 = char1, char2, char3, char4, char5, char6, char7, char8, char9; 1650 = rect; 2000 = pitch]

/ timeout = 2000 //设置超时时间为 2000 毫秒

/ validresponse = (noresponse) //不需要被试做反应,因为接下来会出现输入页面

```
</trial>
```

定义区组

```
<block partialreportblk>
    / screencolor = (0,0,0) //屏幕颜色为黑色
    / trials = [1,3,5,7,9,11,13,15,17,19,21,23,25,27,29 = char1;2,4,6,8,10,12,14,16,18,
            20,22,24,26,28,30 = ninechars,answer] //此处显示完后要记忆的9个字母,呈
            现输入答案的文本框
</block>
<block instruction>
    / screencolor = (0,0,0)
    / trials = [1 = instruction]
</block>
<block familiarpitch>
    / screencolor = black
    / trials = [1—3 = pitches]
</block>
```

定义实验(Experiment)

```
<expt partialreport>
    / blocks = [1 = instruction;2 = familiarpitch;3 = instruction;4 = partialreportblk]
</expt>
```

定义默认值

```
<defaults> //在<defaults></defaults>标记符中设置默认值
    / txcolor = white //文本颜色的默认值为白色
    / txbgcolor = black //文本的背景色默认值为黑色
</defaults>
```

****

2.10 语音反应(Stroop效应)程序示例

Inquisit除了使用常用的键盘、鼠标、专用反应盒和游戏杆等输入设备外,还可以将语音输入作为反应方式,本程序以颜色命名的Stroop效应为例,演示语音反应的应用。

Stroop 效应最早由美国心理学家 John Riddley Stroop 于 1935 年提出。当要求被试快速说出用不同颜色墨水写的颜色词的书写颜色时(例如"红"字用绿色墨水写、"黄"用蓝色墨水写,前者被试的正确回答是"绿",后者被试正确回答是"蓝"),发现当单词的词义与书写的颜色一致时命名时间要显著少于不一致时的情况。

程序 exp10.exp 的程序代码如下,运行此程序,需要将话筒或麦克风与计算机相连(语音识别的安装参见)。

```
* * * * * * * * * * * * * * * * * * * * * * * * * * * *
<item colorwords>  //定义名为 colorwords 的文本条目库
    /1 = "红"
    /2 = "绿"
    /3 = "蓝"
    /4 = "黄"
    /5 = "XXX"
</item>
```

定义刺激

```
<shape rect>  //定义黑色矩形 shape 对象
    / size = (25%,25%)
    / color = black
</shape>
<text facilitation1>  //定义名为 facilitation1 的文本对象,facilitation1—facilitation4 字
                       的颜色与字的读音相同
    / items = colorwords  //从事先定义的 colorwords 条目库中选取对象
    / select = 1  //指定选取对象 1,即"红"
    / txcolor = red  //文本的颜色设为红
</text>
<text facilitation2>
    / items = colorwords
    / select = 2
    / txcolor = green
</text>
<text facilitation3>
    / items = colorwords
    / select = 3
    / txcolor = blue
</text>
<text facilitation4>
```

```
        / items = colorwords
        / select = 4
        / txcolor = yellow
</text>
<text neutral> //定义名 neutral 的文本对象
        / items = colorwords
        / select = 5 //指定选取对象 5,即"XXX"
</text>

<text interference1> //定义名为 interference1 的文本对象,interference1-interference4 字的
                颜色与字的读音不同
        / items = colorwords
        / select = 1
        / txcolor = green
</text>
<text interference2>
        / items = colorwords
        / select = 2
        / txcolor = blue
</text>
<text interference3>
        / items = colorwords
        / select = 3
        / txcolor = yellow
</text>
<text interference4>
        / items = colorwords
        / select = 4
        / txcolor = red
</text>
<text fixation> //定义作为注视点用的 fixation 文本对象
        / items = ("+")
        / fontstyle = ("Arial",3%)
</text>
<text instructiontxt> //定义作为指导语用的 instructiontxt 文本对象
        / hjustify = left
        / items = ( = "请注视十字,屏幕中央会呈现不同颜色的文本,请用(红、绿、蓝和黄)快速读出
                文本的颜色。")
        / size = (640,100)
```

```
    / fontstyle = ("宋体",24pt)
    / txcolor = (0,255,0)
    / txbgcolor = (transparent)
</text>
<text anykeytxt> //定义按键提示文本对象 anykeytxt
    / items = ("按任意键开始实验")
    / vposition = 70pct
    / fontstyle = ("Arial",24pt)
    / txcolor = (255,0,0)
    / txbgcolor = (transparent)
</text>
```

定义试次

```
<trial instruction> //定义 instruction 试次对象
    / validresponse = (anyresponse)
    / stimulusframes = [1 = instructiontxt,anykeytxt]
    / recorddata = false
</trial>
<trial facilitation> //定义名为 facilitation 的试次对象
    / stimulustimes = [1 = fixation; 1500 = noreplace(facilitation1, facilitation2, facili-
                       tation3, facilitation4)] //定义试次中刺激呈现序列,先呈现注视点
                       1500 毫秒,然后再呈现颜色文本
    / inputdevice = voicerecord //设置为语音输入,并且将语音内容保存至音频文件中
</trial>
<trial neutral> //定义名为 neutral 的试次对象,与 facilitation 的定义类似
    / ontrialbegin = [text.neutral.textcolor = random(red,green,blue,yellow)] //试次运行
                      前,将文本颜色从四种颜色中随机选取
    / stimulustimes = [1 = fixation;1500 = neutral]
    / inputdevice = voicerecord
</trial>
<trial interference> //定义名为 interference 的试次对象,与 facilitation 的定义类似
    / stimulustimes = [1 = fixation;1500 = noreplace(interference1,interference2,interfer-
                       ence3, interference4)]
    / inputdevice = voicerecord //设置输入通道为语音录制方式
</trial>
```

定义区组

```
〈block stroopeffect〉 //定义实验区组
    / screencolor = (0,0,0)
    / trials = [1—30 = noreplace(facilitation,neutral,interference)] //运行 30 次试次，三
                                                              种条件各 10 次
〈/block〉
〈block instruction〉 //定义指导语区组
    / screencolor = (0,0,0)
    / trials = [1 = instruction]
〈/block〉
------------------------------------
定义实验
------------------------------------
〈expt stroopeffect〉 //实验对象
    / blocks = [1 = instruction;2 = stroopeffect] //首先是指导语;然后是 30 次实验
〈/expt〉
------------------------------------
定义默认值
------------------------------------
〈defaults〉
    / fontstyle = ("宋体",10 %) //设置默认字体样式为"宋体",大小为屏幕高度的 10 %
    / txcolor = white //默认文本颜色为白色
    / txbgcolor = black //默认文本背景色为黑色(因屏幕背景色为黑色)
〈/defaults〉
***********************************
```

程序运行结束后，在 voicerecord 目录下生成如图 2-8 所示音频文件。

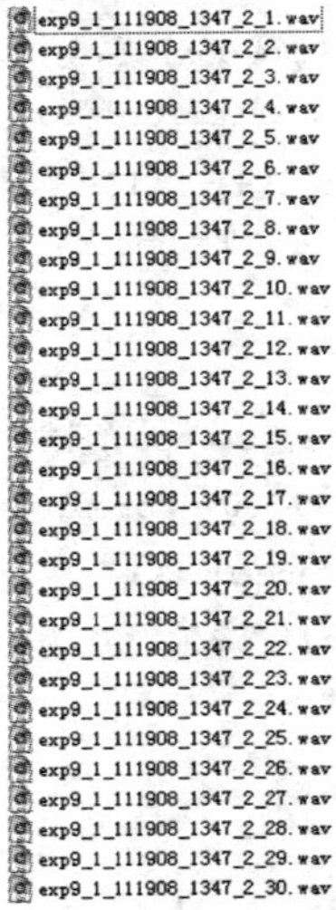
exp9_1_111908_1347_2_1.wav
exp9_1_111908_1347_2_2.wav
exp9_1_111908_1347_2_3.wav
exp9_1_111908_1347_2_4.wav
exp9_1_111908_1347_2_5.wav
exp9_1_111908_1347_2_6.wav
exp9_1_111908_1347_2_7.wav
exp9_1_111908_1347_2_8.wav
exp9_1_111908_1347_2_9.wav
exp9_1_111908_1347_2_10.wav
exp9_1_111908_1347_2_11.wav
exp9_1_111908_1347_2_12.wav
exp9_1_111908_1347_2_13.wav
exp9_1_111908_1347_2_14.wav
exp9_1_111908_1347_2_15.wav
exp9_1_111908_1347_2_16.wav
exp9_1_111908_1347_2_17.wav
exp9_1_111908_1347_2_18.wav
exp9_1_111908_1347_2_19.wav
exp9_1_111908_1347_2_20.wav
exp9_1_111908_1347_2_21.wav
exp9_1_111908_1347_2_22.wav
exp9_1_111908_1347_2_23.wav
exp9_1_111908_1347_2_24.wav
exp9_1_111908_1347_2_25.wav
exp9_1_111908_1347_2_26.wav
exp9_1_111908_1347_2_27.wav
exp9_1_111908_1347_2_28.wav
exp9_1_111908_1347_2_29.wav
exp9_1_111908_1347_2_30.wav

图 2-8　生成音频文件列表

2.11 使用视频(变化视盲)程序示例

通过〈video〉标记符,Inquisit 可以播放多种格式的视频文件,还可以实施对视频文件的控制,如视频播放窗口的大小和是否进行循环播放等。需要注意的是,事先必须在计算机内安装能够播放相应视频格式的播放软件。

变化视盲指观察者不能探测到客体或情境中的变化,是近十年来认知心理学的研究热点之一。本示例通过有意的变化探测任务(被试事先知道将会有变化发生,要求被试搜索画面并找出差异),所用的范式为闪烁范式(原刺激和变化后刺激迅速交替,二者之间插入空屏)。

2.11.1 〈video〉标记符

视频刺激材料由〈video〉〈/video〉标记符定义,其格式如下:

```
〈video videoname〉 //定义名为 videoname 的视频对象
    / erase = true(red expression, green expression, blue expression) or false //试次对象结
            束后是否停止视频的播放
    / halign = alignment //水平对齐方式,以 hposition 参数值为基准点,可以设置居中对齐
            (center)、左对齐(left)和右对齐(right)
    / hposition = x expression //水平基准点值
    / items = itemname or ("item", "item", "item",... ) //引用事先定义的条目或直接在括号
            中设定条目(视频文件名)
    / playthrough = boolean //是否播放完毕后,被试的反应才有效,默认值为 false
    / position = (x expression, y expression) //以 x 坐标和 y 坐标的值为水平和垂直基准点
    / select = integer or selectionmode or selectionmode(pool) or dependency(stimulusname)
            or dependency(countername) or countername //从条目库中选择视频的方式
    / selectionrate = rate
    / loop = boolean //是否循环播放文件(true 或 false),默认值为 false(只播放一遍)
    / size = (width expression, height expression) //设置视频显示大小
    / valign = alignment //垂直对齐方式,可以是 center、top 和 bottom
    / vposition = y expression //垂直基准点
〈/video〉
```

在 Inquisit 中,可以使用的视频文件格式包括:asf,vod,mpeg-1,mpeg-2,mpeg-3,mpeg-4,mov,avi,animated gifs(gif),以及 Adobe Flash animations(swf),如果要使用某视频格式文件,则必须安装相应的视频播放器,否则无法播放视频文件。

2.11.2 变化视盲

本示例通过 10 个视频文件(mov 格式),利用闪烁范式来考察变化视盲现象。

程序 exp11.exp 代码如下:

变化视盲(Change Blindness)

****

<item movies> //定义名为 movies 的条目库,里面存放视频文件

    /1 = "Farm.mov" //视频文件与程序文件在同一目录下

    /2 = "Airplane.mov"

    /3 = "Dinner.mov"

    /4 = "Harborside.mov"

    /5 = "Market.mov"

    /6 = "Chopper&Truck.mov"

    /7 = "Money.mov"

    /8 = "Sailboats.mov"

    /9 = "Tourists.mov"

    /10 = "Corner.mov"

</item>

定义刺激

<video changeblindness> //定义名为 changeblindness 的视频对象

    / items = movies //引用先前定义的条目对象 movies

    / loop = true //视频文件循环播放

</video>

<text fixation> //定义注视点文本对象

    / items = ("+")

    / fontstyle = ("Arial",3%)

    / txbgcolor = black

    / txcolor = white

</text>

<text instructiontxt> //定义指导语文本对象

    / hjustify = left

    / items = ("请注视"十"字,按空格键后屏幕中央会出现闪烁的图片,每个图片中都有变化的部位,当你发现变化的部位时,就按空格键,并口头报告出变化的内容。")

    / size = (640,100)

    / fontstyle = ("宋体",24pt)

```
    / txcolor = (0,255,0)
    / txbgcolor = (transparent)
</text>
<text anykeytxt> //定义按键提示文本对象
    / items = ("按任意键开始实验")
    / vposition = 70pct
    / fontstyle = ("Arial",24pt)
    / txcolor = (255,0,0)
    / txbgcolor = (transparent)
</text>
```

定义试次

```
<trial instruction> //定义指导语试次对象
    / validresponse = (anyresponse)
    / stimulusframes = [1 = instructiontxt,anykeytxt]
    / recorddata = false
</trial>
<trial fixation> //定义注视点试次对象
    / stimulusframes = [1 = fixation]
    / validresponse = (" ") //有效按键为空格键,由被试来控制视频的播放,为口头报告留有足
                            够时间
    / recorddata = false //不记录该试次对象的实验数据
</trial>
<trial changeblindness> //定义 changeblindness 试次对象
    / stimulustimes = [1 = changeblindness] //引用视频对象 changeblindness
    / validresponse = (" ") //有效按键为空格键,记录被试的反应时用
</trial>
```

定义区组

```
<block changeblindness> //定义 changeblindness 区组对象
    / screencolor = (0,0,0)
    / trials = [1—10 = sequence(fixation,changeblindness)] //运行 10 个试次,每个试次中依
            次呈现注视点,被试按空格键后开始播放视频
</block>
<block instruction> //定义指导语区组对象
    / screencolor = (0,0,0)
```

```
        / trials = [1 = instruction]
</block>
```

定义实验

```
<expt changeblindness>  //定义实验对象
        / blocks = [1 = instruction;2 = changeblindness] //包括两个区组
</expt>
```
****

程序运行截图如 2-9 所示。

图 2-9　程序运行截图

2.12　平衡设计(外在情感性西蒙任务)程序示例

外在情感性西蒙任务(Extrinsic Affective Simon Task,EAST)是对内隐联想测验(Implicit Assuciation Test,IAT)的改进,它是在单个任务中考察反应绩效间差异,从而避免被试对实验任务的简化或重新编码,有效地控制了被试有意识重新编码对内隐效应的影响,同时也有效地避免了内隐测验中任务顺序对内隐测验效果的影响。与内隐联想测验相比,外在情感性西蒙任务还可以应用于对单个或多个态度对象的评价。

2.12.1　外在情感性西蒙任务 1

在有些实验中,为了平衡顺序效应或被试间实验设计类型,不同的被试参与不同的实验条件或实验任务,这就需要将被试分派到不同的实验条件中。在 Inquisit 中,可以通过不同的被试编号来指定不同的实验内容。以外在情感性西蒙任务为例,来看一下如何处理这种问题,程序 exp12.exp 的代码如下:

外在情感性西蒙任务
****
```
<item positiveadj> //定义名为 positiveadj 的褒义词条目库
    /1 = "友好的"
    /2 = "善良的"
    /3 = "诚实的"
    /4 = "聪明的"
    /5 = "能干的"
</item>
<item negativeadj> //定义名为 negativeadj 的贬义词条目库
    /1 = "敌意的"
    /2 = "奸诈的"
    /3 = "虚伪的"
    /4 = "愚蠢的"
    /5 = "无用的"
</item>
<item positivenoun> //定义名为 positivenoun 的条目库
    /1 = "俺们"
    /2 = "我们"
    /3 = "本人"
    /4 = "自己"
    /5 = "自身"
</item>
<item negativenoun> //定义名为 negativenoun 的条目库
    /1 = "他人"
    /2 = "他们"
    /3 = "别人"
    /4 = "旁人"
    /5 = "你们"
</item>
<item lefttip> //定义名为 lefttip 的提示条目,用于显示在屏幕左上角,预置为空
    /1 = " "
</item>
<item righttip> //定义名为 righttip 的提示条目,用于显示在屏幕左上角,预置为空
    /1 = " "
</item>
```

〈item tips〉//定义名为 tips 的提示条目库
　　/1 = "Q = 褒义词"
　　/2 = "P = 贬义词"
　　/3 = "Q = 贬义词"
　　/4 = "P = 褒义词"
　　/5 = "Q = 蓝色"
　　/6 = "P = 绿色"
　　/7 = "Q = 绿色"
　　/8 = "P = 蓝色"
〈/item〉

〈item instructions〉//定义指导语条目库,第 1 条用于形容词的分类任务,第 2 条用于颜色词的书写颜色归类
　　/1 = "现在请您把左右手的食指分别放在"E"键和"I"键上,与屏幕上方的类别词对应的属性词将会在屏幕中央逐一呈现。当您认为该属性词属于左边的类别时,请按"E"键;同样的,当您认为该属性词属于右边的类别时,请按"I"键。每个项目只能归入一个类别。如果您判断错误的话,屏幕中央会出现一个×来提示您,这时您只需按另外一个键来更正错误(比如,当您按 E 键时出现错误,只需按 I 键即可更正)。
　　　　这是一个检验反应时间的测验。请您在保证准确的情况下尽快完成任务。如果您的速度过慢或者错误过多,那么电脑就可能无法提供正确反映您心理的测验结果。"
　　/2 = "接下来请对字的颜色进行判断,当字的颜色与左侧标识的颜色相同时按"Q"键,当与右侧标识的颜色相同时按"P"键。
　　　　还是请您在保证准确的情况下尽快完成任务。如果速度过慢或者错误过多,电脑均无法提供正确的测验结果。"
〈/item〉

定义刺激

〈text fixation〉//定义注视点文本刺激对象
　　/ items = (" + ")
　　/ fontstyle = ("Arial",3%)
　　/ txbgcolor = black
　　/ txcolor = white
〈/text〉

〈text error〉//定义错误反馈文本刺激对象
　　/ items = ("×")
　　/ position = (50,75)
　　/ txcolor = (255,0,0)
　　/ fontstyle = ("Arial",10%,true)

```
</text>
<text instructiontxt> //定义指导语文本刺激对象
    / hjustify = left //文本左对齐
    / select = sequence //依次调用 instructions 条目库中的内容
    / items = instructions
    / size = (80pct,60pct) //指导语显示在屏幕 80％宽,60％高的区域内
    / fontstyle = ("宋体",24pt)
    / txcolor = (0,255,0) //文本颜色为绿色
</text>
<text anykeytxt> //定义按键提示文本刺激对象
    / items = ("按任意键开始实验")
    / vposition = 70pct //显示在屏幕高度(由上端起)的 70％处
    / fontstyle = ("Arial",24pt)
    / txcolor = (255,0,0)
</text>
<text lefttip> //定义文本提示刺激
    / fontstyle = ("宋体",32pt,true) //字体为 32 点阵的宋体,且加粗显示
    / items = lefttip
    / position = (8％,5％) //指定文本显示位置(左上角)
</text>
<text righttip> //定义文本提示刺激
    / fontstyle = ("宋体",32pt,true)
    / items = righttip
    / position = (92％,5％) //文本显示在右上角
</text>
<text positiveadj> //定义褒义词文本对象
    / items = positiveadj
</text>
<text negativeadj> //定义贬义词文本对象
    / items = negativeadj
</text>
<text positivenounblue> //positivenouneblue 文本对象
    / items = positivenoun
    / txcolor = blue //显示颜色为蓝色
</text>
<text positivenoungreen>
    / items = positivenoun
    / txcolor = green
```

```
</text>
<text negativenounblue> //negativenouneblue 文本对象
    / items = negativenoun
    / txcolor = blue
</text>
<text negativenoungreen>
    / items = negativenoun
    / txcolor = green
</text>
```

定义试次

```
<trial positiveadjRight> //定义 positiveadjRight 试次对象，对应于右侧提示"P = 褒义词"
    / stimulusframes = [1 = positiveadj]
    / validresponse = ("P","Q")
    / correctresponse = ("P")
    / errormessage = true(error,500) //错误反馈信息"X"呈现500毫秒
</trial>
<trial positiveadjLeft> //定义 positiveadjLeft 试次对象，对应于左侧提示"Q = 褒义词"
    / stimulusframes = [1 = positiveadj]
    / validresponse = ("P","Q")
    / correctresponse = ("Q")
    / errormessage = true(error,500)
</trial>

<trial negativeadjLeft> //对应于左侧提示"Q = 贬义词"
    / stimulusframes = [1 = negativeadj]
    / validresponse = ("P","Q")
    / correctresponse = ("Q")
    / errormessage = true(error,500)
</trial>
<trial negativeadjRight> //对应于右侧提示"P = 贬义词"
    / stimulusframes = [1 = negativeadj]
    / validresponse = ("P","Q")
    / correctresponse = ("P")
    / errormessage = true(error,500)
</trial>
```

```
<trial positivenounLeftA> //定义 positivenounLeftA 试次对象,对应左侧提示"Q = 蓝色"
    / stimulusframes = [1 = positivenounblue]
    / validresponse = ("P","Q")
    / correctresponse = ("Q")
    / errormessage = true(error,500)
</trial>

<trial negativenounRightA> //对应右侧提示"P = 绿色"
    / stimulusframes = [1 = negativenoungreen]
    / validresponse = ("P","Q")
    / correctresponse = ("P")
    / errormessage = true(error,500)
</trial>

<trial positivenounRightA> //对应右侧提示"P = 绿色"
    / stimulusframes = [1 = positivenoungreen]
    / validresponse = ("P","Q")
    / correctresponse = ("P")
    / errormessage = true(error,500)
</trial>

<trial negativenounLeftA> //对应左侧提示"Q = 蓝色"
    / stimulusframes = [1 = negativenounblue]
    / validresponse = ("P","Q")
    / correctresponse = ("Q")
    / errormessage = true(error,500)
</trial>

<trial positivenounLeftB> //对应右侧提示"P = 蓝色"
    / stimulusframes = [1 = positivenounblue]
    / validresponse = ("P","Q")
    / correctresponse = ("P")
    / errormessage = true(error,500)
</trial>

<trial negativenounRightB> //对应左侧提示"Q = 绿色"
    / stimulusframes = [1 = negativenoungreen]
    / validresponse = ("P","Q")
```

```
/ correctresponse = ("Q")
/ errormessage = true(error,500)
</trial>

<trial positivenounRightB> //对应左侧提示"Q = 绿色"
/ stimulusframes = [1 = positivenoungreen]
/ validresponse = ("P","Q")
/ correctresponse = ("Q")
/ errormessage = true(error,500)
</trial>

<trial negativenounLeftB> //对应右侧提示"P = 蓝色"
/ stimulusframes = [1 = negativenounblue]
/ validresponse = ("P","Q")
/ correctresponse = ("P")
/ errormessage = true(error,500)
</trial>

<trial instruction> //指导语
/ validresponse = (anyresponse)
/ stimulusframes = [1 = instructiontxt,anykeytxt]
/ recorddata = false
</trial>

<trial fixation> //注视点
/ stimulusframes = [1 = fixation]
/ validresponse = (" ")
/ recorddata = false
</trial>
```

定义区组

```
<block task1> //定义区组 task1
/ onblockbegin = [item.lefttip.1 = item.tips.1] //将左侧提示置为"Q = 褒义词"
/ onblockbegin = [item.righttip.1 = item.tips.2] //将右侧提示置为"P = 贬义词"
/ bgstim = (lefttip,righttip) //在区组运行期间,左右侧的提示始终显示在屏幕上
/ screencolor = (0,0,0)
/ trials = [1—40 = noreplace(positiveadjLeft,negativeadjRight)] //共40次试次
/ responsemode = correct //对于单次试次,直至被试反应正确才进入下一次试次
```

</block>

<block task2> //定义区组 task2
    / onblockbegin = [item.lefttip.1 = item.tips.3] //将左侧提示置为"Q = 贬义词"
    / onblockbegin = [item.righttip.1 = item.tips.4] //将右侧提示置为"P = 褒义词"
    / bgstim = (lefttip,righttip)
    / screencolor = (0,0,0)
    / trials = [1—40 = noreplace(positiveadjRight,negativeadjLeft)]
    / responsemode = correct
</block>

<block task3>
    / onblockbegin = [item.lefttip.1 = item.tips.5] //将左侧提示置为"Q = 蓝色"
    / onblockbegin = [item.righttip.1 = item.tips.6] //将右侧提示置为"P = 绿色"
    / bgstim = (lefttip,righttip)
    / screencolor = (0,0,0)
    / trials = [1—40 = noreplace(positivenounLeftA, positivenounRightA, negativenounLeftA,
        negativenounRightA)] //积极和消极名词各 20 次,且蓝色和绿色各半
    / responsemode = correct
</block>

<block task4>
    / onblockbegin = [item.lefttip.1 = item.tips.7] //将左侧提示置为"Q = 绿色"
    / onblockbegin = [item.righttip.1 = item.tips.8] //将左侧提示置为"P = 蓝色"
    / bgstim = (lefttip,righttip)
    / screencolor = (0,0,0)
    / trials = [1—40 = noreplace(positivenounLeftB, positivenounRightB, negativenounLeftB,
        negativenounRightB)]
    / responsemode = correct
</block>

<block instruction>
    / screencolor = (0,0,0)
    / trials = [1 = instruction]
</block>

定义实验

<expt>

```
        / blocks = [1 = instruction;2 = task1;3 = instruction;4 = task3]
        / subjects = (1 of 2)  //指定奇数号被试按照"Q 褒义(蓝色),P 贬义(绿色)"来实验
</expt>

<expt>
        / blocks = [1 = instruction;2 = task2;3 = instruction;4 = task4]
        / subjects = (2 of 2)  //指定偶数号被试按照"Q 贬义(绿色),P 褒义(蓝色)"来实验
</expt>

<defaults>   //默认值设置
        / fontstyle = ("黑体",48pt)  //默认字体式样
        / txbgcolor = black  //默认字体背景颜色(黑色)
        / txcolor = white  //默认字颜色(白色)
</defaults>
***********************************
```

2.12.2 〈variables〉标记符

除此之外,还可以借助〈varialbes〉〈/variables〉标记符实现不同编号的被试完成不同的实验条件,其格式如下:

```
<variables>
        / default = (variablename = value, variablename = value, ...)  //当被试的编号不满足所设
            定的分组条件时的默认变量赋值
        / group = (integer, integer, integer, ... of modulus)(variablename = value, vari-
            ablename = value, ...)  //当被试的编号符合指定的分组条件时,采用相应的变量
            赋值,其中 modulus 为除数,integer 表示被试的编号为被除数,根据余数的情况执
            行相应的变量赋值
        / groupassignment = assignment  //分组设置,取值为 random 或 subjectnumber,前者表示随机
            分组,后者表示根据被试的编号并依据相应的规则来分组(此为默认
            项)。当设置为 random 时,由 group 参数设置的分组规则失效,但其不同
            条件变量赋值仍有效
</variables>
```

例如:

代码示例 1:被试编号为奇数时,运行 conditiona 区组;编号为偶数时,运行 conditionb 区组。

```
<variables>
        /group = (1 of 2)(block1 = conditiona)
```

```
        /group = (2 of 2)(block1 = conditionb)
</variables>
```

代码示例2:连续编号的每4名被试中,前两名完成启动刺激为红色,目标刺激为红色的条件;后两名完成启动刺激为蓝色,目标刺激为蓝色的条件。

```
<variables>
        /group = (1, 2 of 4)(prime = redprime, target = redtarget)
        /group = (3, 4 of 4)(prime = blueprime, target = bluetarget)
</variables>
```

代码示例3:连续编号的被试中,每3名一组,分别执行不同的条件,实验中被试的编号用3整除,如果余数为1,则完成condition1;如果余数为2,则完成condition2;如果余数为0,则完成condition3,需要注意的是余数为0的条件,要写为/group=(3 of 3);而非/group=(0 of 3)。

```
<variables>
        /group = (1 of 3)(trial1 = condition1)
        /group = (2 of 3)(trial2 = condition2)
        /group = (3 of 3)(trial3 = condition3)
</variables>
```

代码示例4:对被试进行随机分组,尽管(1 of 2)和(2 of 2)失效,但还是需要group参数后半部分的条件设置语句。

```
<variables>
        / group = (1 of 2)(block1 = foo; block2 = bar)
        / group = (2 of 2)(block1 = bar; block2 = foo)
        / groupassignment = random
</variables>
```

2.12.3　外在情感性西蒙任务2

程序exp13.exp是使用<varialbes></variables>实现与exp12.exp相同的外在情感性西蒙任务,其代码如下(与exp12.exp相同处作了部分省略处理,不同处的代码加粗):

```
外在情感性西蒙任务
****************************************
<item positiveadj>
        /1 = "友好的"
        ············
        /5 = "能干的"
```

```
</item>
<item negativeadj>
    /1 = "敌意的"
    …………
    /5 = "无用的"
</item>
<item positivenoun>
    /1 = "俺们"
    …………
    /5 = "自身"
</item>
<item negativenoun>
    /1 = "他人"
    …………
    /5 = "你们"
</item>
<item lefttip>
    /1 = " "
</item>
<item righttip>
    /1 = " "
</item>
<item tips>
    /1 = "Q = 褒义词"
    …………
    /8 = "P = 蓝色"
</item>
<item instructions>
    /1 = "……"
    /2 = "……"
</item>
```

…………………………………………

定义刺激

…………………………………………

```
<text fixation>
    / items = ( " + " )
    / fontstyle = ( "Arial", 3 % )
    / txbgcolor = black
```

```
    / txcolor = white
</text>
<text error>
    / items = ("X")
    / position = (50,75)
    / txcolor = (255,0,0)
    / fontstyle = ("Arial",10%,true)
</text>
<text instructiontxt>
    / hjustify = left
    / select = sequence
    / items = instructions
    / size = (80pct,60pct)
    / fontstyle = ("宋体",24pt)
    / txcolor = (0,255,0)
</text>
<text anykeytxt>
    / items = ("按任意键开始实验")
    / vposition = 70pct
    / fontstyle = ("Arial",24pt)
    / txcolor = (255,0,0)
</text>
<text lefttip>
    / fontstyle = ("宋体",32pt,true)
    / items = lefttip
    / position = (8%,5%)
</text>
<text righttip>
    / fontstyle = ("宋体",32pt,true)
    /items = righttip
    / position = (92%,5%)
</text>
<text positiveadj>
    / items = positiveadj
</text>
<text negativeadj>
    / items = negativeadj
</text>
```

```
<text positivenounblue>
    / items = positivenoun
    / txcolor = blue
</text>
…………
<text negativenoungreen>
    / items = negativenoun
    / txcolor = green
</text>
```
……………………………

定义试次
……………………………

```
<trial positiveadjRight>
    / stimulusframes = [1 = positiveadj]
    / validresponse = ("P","Q")
    / correctresponse = ("P")
    / errormessage = true(error,500)
</trial>
…………
<trial negativeadjRight>
    / stimulusframes = [1 = negativeadj]
    / validresponse = ("P","Q")
    / correctresponse = ("P")
    / errormessage = true(error,500)
</trial>
<trial positivenounLeftA>
    / stimulusframes = [1 = positivenounblue]
    / validresponse = ("P","Q")
    / correctresponse = ("Q")
    / errormessage = true(error,500)
</trial>
…………
<trial negativenounLeftB>
    / stimulusframes = [1 = negativenounblue]
    / validresponse = ("P","Q")
    / correctresponse = ("P")
    / errormessage = true(error,500)
</trial>
```

```
<trial instruction>
    / validresponse = (anyresponse)
    / stimulusframes = [1 = instructiontxt,anykeytxt]
    / recorddata = false
</trial>
<trial fixation>
    / stimulusframes = [1 = fixation]
    / validresponse = (" ")
    / recorddata = false
</trial>
```

定义区组

```
<block task1>
    / onblockbegin = [item.lefttip.1 = item.tips.1]
    / onblockbegin = [item.righttip.1 = item.tips.2]
    / bgstim = (lefttip,righttip)
    / screencolor = (0,0,0)
    / trials = [1—40 = noreplace(positiveadjLeft,negativeadjRight)]
    / responsemode = correct
</block>

<block task2>
    / onblockbegin = [item.lefttip.1 = item.tips.3]
    / onblockbegin = [item.righttip.1 = item.tips.4]
    / bgstim = (lefttip,righttip)
    / screencolor = (0,0,0)
    / trials = [1—40 = noreplace(positiveadjRight,negativeadjLeft)]
    / responsemode = correct
</block>

<block task3>
    / onblockbegin = [item.lefttip.1 = item.tips.5]
    / onblockbegin = [item.righttip.1 = item.tips.6]
    / bgstim = (lefttip,righttip)
    / screencolor = (0,0,0)
    / trials = [1—40 = noreplace(positivenounLeftA,positivenounRightA,negativenounLeftA,
            negativenounRightA)]
```

```
        / responsemode = correct
</block>
<block task4>
        / onblockbegin = [item.lefttip.1 = item.tips.7]
        / onblockbegin = [item.righttip.1 = item.tips.8]
        / bgstim = (lefttip,righttip)
        / screencolor = (0,0,0)
        / trials = [1—40 = noreplace(positivenounLeftB,positivenounRightB,negativenounLeftB,
                negativenounRightB)]
        / responsemode = correct
</block>

<block instruction>
        / screencolor = (0,0,0)
        / trials = [1 = instruction]
</block>
```

定义实验

```
<expt>
        / blocks = [1 = instruction;2 = block1;3 = instruction;4 = block2]
</expt>
<variables>  //定义 variables 对象,用于设定不同被试执行不同的实验步骤
        /group = (1 of 2) (block1 = task1;block2 = task3)  //奇数号被试完成 task1 和 task3 区组
        /group = (2 of 2) (block1 = task2;block2 = task4)  //偶数号被试完成 task2 和 task4 区组
</variabls>

<defaults>
        / fontstyle = ("黑体",48pt)
        / txbgcolor = black
        / txcolor = white
</defaults>
```

****

2.13　绩效显示(内隐联想测验)程序示例

内隐联想测验是由 Greenwald 于 1998 年提出的,它以反应时为指标,通过一种计算机化的分类任务,来测量丙类词(概念词和属性词)之间的自主联系的紧密程度,继而对

个体的内隐态度等内隐的社会认知进行测量。本示例程序取自 Greenwald 的花—虫内隐联想测验。

2.13.1 〈counter〉标记符

〈counter〉计数器用于定义变换实验条件的系列值或随机值,当设置计数器后,条目库的条目选取方法(随机或顺序选取)可指定为定义的计数器对象。另外〈counter〉计数器还可以用于定义一组随机数,指定刺激材料在屏幕上的随机显示位置等。

〈counter countername〉 //定义名为 countername 的计数器
　　/ allowrepeats = boolean //指定同一条目是否可以被选择多次,取值 true 或 false
　　/ items = (value, value, value,...) //指定条目内容
　　/ not = stimulusname or countername //指定被选中的值不能等于由 stimulusname 或 countername 包含的值
　　/ resetinterval = integer //设定实验运行多少个区组后,重置计数器,即先前已被选过的条目重新加入选择池中,对于选择模式 replace 或 replacenorepeat 无影响
　　/ select = integer or selectionmode or selectionmode(pool) or dependency(stimulusname) or dependency(countername) or countername //设置选择方式
　　　● integer：选择由某个数值指定的条目
　　　● selectionmode：参见 2.1.1
　　　● dependency：参见 2.1.1
　　/ selectionrate = rate //设置什么时间从选择池中选择新条目,可以取值为 always、trial、block 或 experiment,例如,如果设置为 block,则表示整个 block 都使用相同值(默认值为 block)
〈/counter〉

2.13.2 内隐联想测验

内隐联想测验程序 exp14.exp 的代码如下:

内隐联想测验(IAT)
****
〈item attributeAlabel〉 //定义属性标签条目
　　/1 = "褒义词"
〈/item〉

〈item attributeA〉 //定义积极属性词条目库
　　/1 = "妙极的"
　　/2 = "华美的"

　　　　/3 = "愉悦的"
　　　　/4 = "漂亮的"
　　　　/5 = "高兴的"
　　　　/6 = "光荣的"
　　　　/7 = "可爱的"
　　　　/8 = "精彩的"
〈/item〉

〈item attributeBlabel〉//定义属性标签条目
　　　　/1 = "贬义词"
〈/item〉

〈item attributeB〉//定义消极属性词条目库
　　　　/1 = "悲惨的"
　　　　/2 = "可怕的"
　　　　/3 = "苦恼的"
　　　　/4 = "痛苦的"
　　　　/5 = "恐怖的"
　　　　/6 = "丑陋的"
　　　　/7 = "耻辱的"
　　　　/8 = "讨厌的"
〈/item〉

〈item targetAlabel〉//定义概念标签条目
　　　　/1 = "花"
〈/item〉

〈item targetA〉//定义概念词(花图片)条目库
　　　　/1 = "flower1.jpg"
　　　　/2 = "flower2.jpg"
　　　　/3 = "flower3.jpg"
　　　　/4 = "flower4.jpg"
　　　　/5 = "flower5.jpg"
　　　　/6 = "flower6.jpg"
　　　　/7 = "flower7.jpg"
　　　　/8 = "flower8.jpg"
〈/item〉

⟨item targetBlabel⟩ //定义概念标签条目
    / 1 = "虫"
⟨/item⟩

⟨item targetB⟩ //定义概念词(虫图片)条目库
    / 1 = "insect1.jpg"
    / 2 = "insect2.jpg"
    / 3 = "insect3.jpg"
    / 4 = "insect4.jpg"
    / 5 = "insect5.jpg"
    / 6 = "insect6.jpg"
    / 7 = "insect7.jpg"
    / 8 = "insect8.jpg"
⟨/item⟩

....

实验结束后的绩效显示

....

⟨instruct⟩ //指导语页面参数设置
    / nextlabel = "继续"
    / lastlabel = "继续"
    / nextkey = (" ")
    / prevkey = (0)
    / inputdevice = mouse
    / windowsize = (90%, 90%)
    / screencolor = (0,0,0)
    / fontstyle = ("宋体", 3%)
    / txcolor = (255, 255, 255)
⟨/instruct⟩

⟨page summary⟩ //汇总页面
    ^下面是为你对于花虫及形容词类别的平均反应时间给出的数据统计：
    ~联合任务一(相容任务)："⟨% item.targetAlabel.1 %⟩"和"⟨% item.attributeAlabel.1 %⟩"，"⟨% item.targetBlabel.1 %⟩"和"⟨% item.attributeBlabel.1 %⟩"
    ^平均反应时为：⟨% block.compatibletest.meanlatency %⟩毫秒
    ~联合任务二(不相容任务)："⟨% item.targetAlabel.1 %⟩"和"⟨% item.attributeBlabel.1 %⟩"，"⟨% item.targetBlabel.1 %⟩"和"⟨% item.attributeAlabel.1 %⟩"
    ^平均反应时为：⟨% block.incompatibletest.meanlatency %⟩毫秒
    ~你是否在某联合任务中平均反应时明显少于另一种联合任务的平均反应时？如果是的话，

那种形容词类别就是你对花或虫的内隐态度。

非常感谢您参加这个试次,请用鼠标单击"继续"来结束本试次,等待其他同学结束后进行下一步试次。

定义指导语

<counter instructions> //定义计数器

 / resetinterval = 10 重置计数器间隔

 / select = sequence(1, 2, 3, 4, 5, 6, 7)

</counter>

<trial instructions> //定义指导语 trial 对象

 / stimulustimes = [1 = instructions, spacebar]

 / correctresponse = (" ")

 / errormessage = false

 / recorddata = false

</trial>

<text instructions> //定义指导语文本对象

 / items = instructions

 / hjustify = left

 / size = (90%, 60%)

 / position = (50%, 85%)

 / valign = bottom

 / select = instructions //根据计数器对象 instructions 的选择方式进行选择

 / fontstyle = ("宋体", 3.5%)

</text>

<item instructions> //指导语条目库

 / 1 = "您好！请把您左右手的食指放在键盘的"E"键和"I"键上,可以看到,屏幕上方分别是褒义和贬义的两个类别,其对应的形容词会在屏幕的中间逐一显示,当屏幕中间的形容词属于屏幕左边类别的时候,请按"E"键,当属于右面类别的时候,请按"I"键。每个形容词只能归入一个类别。如果您做错的话,屏幕的中间就会出现一个×来提示您,您只需要按另外一个键来更正错误(如果您是左手按 F 时出现错误,只需右手按 J 键即可更正)。

 这是一个按照反应时间进行归类的任务,请尽可能快的完成任务,并且请尽可能的准确,如果您的速度过慢或者错误过多,那么所得的测验结果将因为无法解释而作废。整个实验大概会消耗您 5 分钟的时间^_^"

/ 2 = "请注意屏幕上方,类别词已经改变为花或虫,屏幕中间会显示各种花或虫的图片。但是按键的规则不变,和开始时提到的一样。

当中间显示的是花时,请按"E"键。当显示的是昆虫时,请按"I"键。每个图片只能属于一个类别。当你做错时屏幕中间同样会出现×号,和上面的一样,按另外一个键即可修正错误。请尽可能快地完成"

/ 3 = "从屏幕上方可以看到,前面您所看到的单独呈现的四个类别词现在是一起呈现的。请您依然按照前面的对应关系归类。

标签和项目都会标出绿色或者白色,这样可以帮助你做出适宜的判断。和前面一样,分别按"E"和"I"键做出反应。更正错误的方式和前面也是一样的。"

/ 4 = "重复一次上面的分类过程,请尽快、并且尽可能地保证正确率。

分别以绿色和白色标出的类别名称可以帮助你做出恰当的判断。和前面一样,分别按"E"和"I"键做出反应。更正错误的方式和前面也是一样的。"

/ 5 = "请注意上方,现在类别又变成了花或虫,但和前面不同的是,它们的位置对调了。原来在右边的调到了左边,而原来在左边的调到了右边。请训练一下以适应这种配置。

反应方式和前面一样,依旧是"E"键对应左边"I"键对应右边。"

/ 6 = "请注意上方,四个词又开始一起呈现,但是呈现的方式有所改变。请您依然按照前面的对应关系归类。

分别以绿色和白色标出的类别名称可以帮助你做出恰当的判断。和前面一样,分别按"E"和"I"键做出反应。更正错误的方式和前面也是一样的。"

/ 7 = "重复一次上面的归类过程,请尽快、并且尽可能地保证正确率。

分别以绿色和白色标出的类别名称可以帮助你做出恰当的判断。和前面一样,分别按"E"和"I"键做出反应。更正错误的方式和前面也是一样的。"

⟨/item⟩

⟨text spacebar⟩ //按键提示文本对象
　　/ items = ("如果您清楚上面的含义,请按空格开始实验,否则可让实验员帮忙")
　　/ position = (50%, 95%)
　　/ valign = bottom
　　/ fontstyle = ("宋体", 3.5%)
⟨/text⟩

⟨text attributeA⟩ //属性词分类标签文本对象
　　/ items = attributeA
　　/ txcolor = (0, 255, 0)
⟨/text⟩

⟨text attributeB⟩ //属性词分类标签文本对象
　　/ items = attributeB

```
    / txcolor = (0, 255, 0)
</text>

<picture targetB> //定义概念词(虫图片)图片对象
    / items = targetB
    / size = (20%, 20%)
</picture>

<picture targetA> //定义概念词(花图片)图片对象
    / items = targetA
    / size = (20%, 20%)
</picture>

<text error> //错误提示文本对象
    / position = (50%, 75%)
    / items = ("×")
    / color = (255, 0, 0)
    / fontstyle = ("Arial", 10%, true)
</text>

<text attributeAleft> //属性词分类标签
    / items = attributeAlabel
    / valign = top //顶端对齐
    / halign = left //左对齐
    / position = (5%, 5%) //显示在左上角
    / txcolor = (0, 255, 0)
</text>

<text attributeBright> //属性词分类标签
    / items = attributeBlabel
    / valign = top //顶端对齐
    / halign = right //右对齐
    / position = (95%, 5%) //显示在右上角
    / txcolor = (0, 255, 0)
</text>

<text attributeAleftmixed> //混合显示概念词和属性词时的分类标签
    / items = attributeAlabel
```

```
    / valign = top
    / halign = left
    / position = (5%, 19%)
    / txcolor = (0, 255, 0)
</text>

<text attributeBrightmixed>
    / items = attributeBlabel
    / valign = top
    / halign = right
    / position = (95%, 19%)
    / txcolor = (0, 255, 0)
</text>

<text targetBleft> //概念词分类标签
    / items = targetBlabel
    / valign = top
    / halign = left
    / position = (5%, 5%)
</text>

<text targetBright> //概念词分类标签
    / items = targetBlabel
    / valign = top
    / halign = right
    / position = (95%, 5%)
</text>

<text targetAleft>
    / items = targetAlabel
    / valign = top
    / halign = left
    / position = (5%, 5%)
</text>

<text targetAright>
    / items = targetAlabel
    / valign = top
```

```
    / halign = right
    / position = (95%, 5%)
</text>

<text orleft> //分类标签连接词文本对象
    / items = ("或")
    / valign = top
    / halign = left
    / position = (5%, 12%)
</text>

<text orright>
    / items = ("或")
    / valign = top
    / halign = right
    / position = (95%, 12%)
</text>
```

定义试次对象

```
<trial attributeA> //积极属性词 trial 对象
    / validresponse = ("E", "I") //有效按键为"E"和"I"键
    / correctresponse = ("E") //正确按键为"E"键
    / stimulusframes = [1 = attributeA]
    / posttrialpause = 250 //试次结束后暂停 250 毫秒
</trial>

<trial attributeB> //消极属性词 trial 对象
    / validresponse = ("E", "I")
    / correctresponse = ("I")
    / stimulusframes = [1 = attributeB]
    / posttrialpause = 250
</trial>

<trial targetBleft> //概念词 trial 对象
    / validresponse = ("E", "I")
    / correctresponse = ("E")
    / stimulusframes = [1 = targetB]
```

```
    / posttrialpause = 250
</trial>

<trial targetBright>
    / validresponse = ("E", "I")
    / correctresponse = ("I")
    / stimulusframes = [1 = targetB]
    / posttrialpause = 250
</trial>

<trial targetAleft>
    / validresponse = ("E", "I")
    / correctresponse = ("E")
    / stimulusframes = [1 = targetA]
    / posttrialpause = 250
</trial>

<trial targetAright>
    / validresponse = ("E", "I")
    / correctresponse = ("I")
    / stimulusframes = [1 = targetA]
    / posttrialpause = 250
</trial>
```

定义区组

```
<block attributepractice> //属性词练习 block 对象
    / bgstim = (attributeAleft, attributeBright) //作为背景在屏幕左右上角呈现分类标签
    / trials = [1 = instructions;2—21 = noreplace(attributeA, attributeB)] //首先呈现指导
        语,然后是 20 次属性词归类试次
    / errormessage = true(error,200) //被试归类错误时显示反馈信息"×"200 毫秒
    / responsemode = correct //直至被试作出正确按键才进入下一试次
    / recorddata = false //不记录练习过程的实验数据
</block>

<block targetcompatiblepractice> //概念词相容任务练习 block
    / bgstim = (targetAleft, targetBright)
    / trials = [1 = instructions;2—21 = noreplace(targetAleft, targetBright)]
```

```
    / errormessage = true(error,200)
    / responsemode = correct
    / recorddata = false
</block>

<block targetincompatiblepractice> //概念词不相容任务练习
    / bgstim = (targetAright, targetBleft)
    / trials = [1 = instructions;2—21 = noreplace(targetAright, targetBleft)]
    / errormessage = true(error,200)
    / responsemode = correct
    / recorddata = false
</block>

<block compatiblepractice> //相容任务练习
    / bgstim = (targetAleft, orleft, attributeAleftmixed, targetBright, orright, attribute-
            Brightmixed)
    / trials = [1 = instructions;
            3,5,7,9,11,13,15,17,19,21 = noreplace(targetAleft, targetBright);
            2,4,6,8,10,12,14,16,18,20 = noreplace(attributeA, attributeB)]//先呈现指导
                                        语,然后属性词和概念词(图片)交替呈现
    / errormessage = true(error,200)
    / responsemode = correct
</block>

<block incompatiblepractice> //不相容任务练习
    / bgstim = (targetBleft, orleft, attributeAleftmixed, targetAright, orright, attribute-
            Brightmixed)
    / trials = [1 = instructions;
        3,5,7,9,11,13,15,17,19,21 = noreplace(targetBleft, targetAright);
        2,4,6,8,10,12,14,16,18,20 = noreplace(attributeA, attributeB)]
    / errormessage = true(error,200)
    / responsemode = correct
</block>

<block compatibletestinstructions> //相容性测试指导语
    / bgstim = (targetAleft, orleft, attributeAleftmixed, targetBright, orright, attribute-
            Brightmixed)
    / trials = [1 = instructions]
```

```
/ recorddata = false
</block>


<block compatibletest> //相容性测试
    / bgstim = (targetAleft, orleft, attributeAleftmixed, targetBright, orright, attribute-
            Brightmixed) //在屏幕左、右上角显示分类标签信息
    / trials = [
        2,4,6,8,10,12,14,16,18,20,22,24,26,28,30,32,34,36,38,40 = noreplace(tar-
            getAleft, targetBright);
        1,3,5,7,9,11,13,15,17,19,21,23,25,27,29,31,33,35,37,39 = noreplace(attributeA,
            attributeB)]
    / errormessage = true(error,200)
    / responsemode = correct
</block>


<block incompatibletestinstructions> //不相容测试指导语
    / bgstim = (targetBleft, orleft, attributeAleftmixed, targetAright, orright, attribute-
            Brightmixed)
    / trials = [1 = instructions]
    / recorddata = false
</block>


<block incompatibletest> //不相容任务测试
    / bgstim = (targetBleft, orleft, attributeAleftmixed, targetAright, orright, attribute-
            Brightmixed)
    / trials = [
        2,4,6,8,10,12,14,16,18,20,22,24,26,28,30,32,34,36,38,40 = noreplace(target-
            Bleft, targetAright);
        1,3,5,7,9,11,13,15,17,19,21,23,25,27,29,31,33,35,37,39 = noreplace(attributeA,
            attributeB)]
    / errormessage = true(error,200)
    / responsemode = correct
</block>
```

定义实验

```
<defaults> //默认参数设置
    / screencolor = (0,0,0) //默认屏幕背景颜色为黑色
```

```
    / txbgcolor = (0,0,0) //默认文本背景色为黑色
    / txcolor = (255,255,255) //默认文本对象为白色
    / fontstyle = ("宋体",5%) //字体为宋体
</defaults>

<expt> //实验体
    / blocks = [1 = attributepractice; 2 = block2; 3 = block3; 4 = block4; 5 = block5; 6 =
        block6; 7 = block7; 8 = block8; 9 = block9] //共包括 9 个区组,此处 block2-
        block9 为虚拟 block 对象
    / postinstructions = (summary) //实验结束后显示汇总信息
</expt>

<variables> //指定奇数和偶数被试完成不同的实验序列,赋予虚拟 block 对象具体含义
    / group = (1 of 2) (block2 = targetcompatiblepractice; block3 = compatiblepractice;
        block4 = compatibletestinstructions; block5 = compatibletest; block6 = tar-
        getincompatiblepractice; block7 = incompatiblepractice; block8 = incompati-
        bletestinstructions; block9 = incompatibletest)
    / group = (2 of 2) (block2 = targetincompatiblepractice; block3 = incompatiblepractice;
        block4 = incompatibletestinstructions; block5 = incompatibletest; block6 = tar-
        getcompatiblepractice; block7 = compatiblepractice; block8 = compatible-
        testinstructions; block9 = compatibletest)
</variables>
*************************************************
```

2.13.3 改进的部分报告法 1

以程序 exp15.exp 讲述〈counter〉的功能。程序 exp15.exp 定义了三个计数器对象,一个用于设置从 26 个字母中随机选取 9 个字母的随机序列,另外两个用于定义 9 个字母在屏幕上的坐标位置;前者是随机选取,后者是顺序选取。其代码如下(与程序 exp8.exp 不同之处加粗显示,代码有所省略):

```
利用 counter 的部分报告法实验
******************************
<item instruction>
    /1 = "你首先会听到三种音调(高、中、低)的声音,请记住它们的区别,在后面的实验中你还会
        听到这三种音调。"
    /2 = "请注视'十'字,屏幕中央会呈现 3 行字母,时间非常短,请集中注意力,尽可能记住所有
        字母,听到高音时报告首行字母,中音报告中间行,低音报告底行。"
</item>
```

```
<item chars>
    /1 = "a"
    /2 = "b"
    /3 = "c"
    /4 = "d"
    /5 = "e"
    /6 = "f"
    /7 = "g"
    ………
    /21 = "u"
    /22 = "v"
    /23 = "w"
    /24 = "x"
    /25 = "y"
    /26 = "z"
</item>
```

定义刺激

```
<shape rect>
    /size = (25%,25%)
    /color = black
</shape>
    <textbox answer>
    /caption = "Input"
</textbox>
<sound pitch>
    /items = ("low.wav","middle.wav","high.wav")
</sound>
<counter nineposx>  //定义指定 X 坐标的计数器对象
    /select = sequence(45,50,55,45,50,55,45,50,55)  //顺序选取其中的坐标值
    /selectionrate = always  //选取频率
</counter>
<counter nineposy>  //定义指定 Y 坐标的计数器对象
    /select = sequence(42,42,42,50,50,50,58,58,58)
    /selectionrate = always
</counter>
<counter ninechar>  //定义选取 9 个字符的随机序列(介于 1—26 之间)
```

```
    / select = noreplace(1—26) //无重复地随机选取
    / resetinterval = 9 //选择间隔设置为 9
    / selectionrate = always //选择频率
</counter>
<text char1>
    / items = chars
    / select = ninechar
    / fontstyle = ("Times New Roman",5pct)
    / txbgcolor = black
    / txcolor = white
    / hposition = nineposx
    / vposition = nineposy
</text>
<text char2>
    / items = chars
    / select = ninechar
    / fontstyle = ("Times New Roman",5pct)
    / txbgcolor = black
    / txcolor = white
    / hposition = nineposx
    / vposition = nineposy
</text>
…………
<text char9>
    / items = chars
    / select = ninechar
    / fontstyle = ("Times New Roman",5pct)
    / txbgcolor = black
    / txcolor = white
    / hposition = nineposx
    / vposition = nineposy
</text>

<text fixation>
    / items = (" + ")
    / fontstyle = ("Arial",3%)
    / txbgcolor = (transparent)
    / txcolor = (255,255,255)
```

```
</text>
<text instructiontxt>
    / hjustify = left
    / select = sequence
    / items = instruction
    / size = (640,100)
    / fontstyle = ("宋体",24pt)
    / txcolor = (0,255,0)
    / txbgcolor = (transparent)
</text>
<text anykeytxt>
    / items = ("按任意键开始实验")
    / vposition = 70pct
    / fontstyle = ("Arial",24pt)
    / txcolor = (255,0,0)
    / txbgcolor = (transparent)
</text>
```

定义试次

```
<trial instruction>
    / validresponse = (anyresponse)
    / stimulusframes = [1 = instructiontxt,anykeytxt]
    / recorddata = false
</trial>
<trial pitches>
    / stimulusframes = [1 = sequence(pitch)]
    / validresponse = (noresponse)
    / trialduration = 1000
    / posttrialpause = 2000
    / recorddata = false
</trial>
<trial ninechars>
    / stimulustimes = [1 = fixation;1500 = char1,char2,char3,char4,char5,char6,char7,
                       char8,char9;1650 = rect;2000 = pitch]
    / validresponse = (" ")
</trial>
```

....
定义区组
....

```
<block partialreportblk>
    / screencolor = (0,0,0)
    / trials = [1—30 = ninechars]
</block>
<block instruction>
    / screencolor = (0,0,0)
    / trials = [1 = instruction]
</block>
<block familiarpitch>
    / screencolor = black
    / trials = [1—3 = pitches]
</block>
```

....
定义实验
....

```
<expt partialreport>
    / blocks = [1 = instruction;2 = familiarpitch;3 = instruction;4 = partialreportblk]
</expt>
```

****

2.14 函数使用(10以内加减法速算)程序示例

Inquisit 提供了大量的函数方便实验程序的调用,主要有四类函数:数学函数、选择函数、字符串函数和统计函数,具体可参见本书附录三至附录六,本示例程序仅演示其中个别函数的应用。

2.14.1 〈values〉标记符

〈values〉标记符用于自定义变量,然后供程序中的其他代码对其引用,可以对自定义变量进行更新或提取变量值,变量名的定义规则与对象名称的规则要求一致。

```
<values> //用于自定义变量
    / valuename1 //此处放置自定义的变量名,必须置于〈values〉〈/values〉之间
    / valuename2
    / valuename3
</values>
```

例如下面代码片断中定义了 3 个变量,其初始值均为 0。
```
<values>
    / congruentscore = 0
    / incongruentscore = 0
    / neutralscore = 0
</values>
```

2.14.2 〈expressions〉标记符

〈expressions〉标记符用于自定义数学或逻辑表达式,表达式的定义可所用到的数学运算符、比较运算符、逻辑运算符和赋值运算符参见附录八至附录十一。

```
<expressions>  //自定义表达式
    / expressionname1 //自定义的表达式 1,必须置于<expressions></expressions>之间
    / expressionname2
    / expressionname3
</expressions>
```

2.14.3 加减法速算

本示例通过随机函数 rand() 生成 10 以内的加数和减数以及被加数和被减数的运算,然后随机生成或加或减的数学表达式,并且限定生成的和在 10 以内,生成的差大于等于 0。将时间限定在 1 分钟以内,来测试运算速度。测试速度的方法有两种:一为单位时间的运算量;另一种为固定运算量所用的时间。本示例选用前一种方法。

程序 exp16.exp 的代码如下:

```
1 分钟内 10 以内加减法速算
*******************************
<item instruction>  //指导语条目库
    /1 = "屏幕中央会呈现 10 以内的加减法,请快速计算出结果,并按空格键进入下一题,尽快计
        算,看你一分钟能够计算多少题?"
</item>
-----------------------------------
定义刺激
-----------------------------------
<text instructiontxt>  //定义指导语文本对象
    / hjustify = left  //文本左对齐
    / select = sequence  //顺序选取指导语条目库条目,由于只有一条指导语,没有作用
    / items = instruction  //设置备择条目库
    / size = (640,100)  //指导语显示区域大小
```

```
        / fontstyle = ("宋体",24pt) //字体式样
        / txcolor = (0,255,0) //文本颜色为绿色
        / txbgcolor = (transparent) //文本透明
</text>
<text anykeytxt> //按键提示文本对象
        / items = ("按任意键开始实验")
        / vposition = 70pct //显示在屏幕高度70%处
        / fontstyle = ("Arial",24pt)
        / txcolor = (255,0,0)
        / txbgcolor = (transparent)
</text>
<item first> //用于存放数学表达式的第一个数
        /1 = " "
</item>
/<item second> //用于存放数学表达式的第二个数
        /1 = " "
</item>
<text arithmeticexpression> //数学表达式文本对象
        / items = first
        / fontstyle = ("Arial",10%)
        / txbgcolor = black
        / txcolor = white
</text>
<values> //自定义变量
        /firstnum = 0 //用于存放第1个数
        /secondnum = 0 //用于存放第2个数
        /sign = 1 //用于标识运算符+或者—
        /sum = 10 //相加之后的和上限
        /substract = 0 //相减之后的差下限
</values>
```

··································

定义试次

··································

```
<expressions> //自定义表达式
        / evaluatefirst = if((values.firstnum + values.secondnum * values.sign) <= values.sum)
                item.first.1 = trim(format("%2.0f",values.firstnum)," ") //当满足
                条件时,为第1个条目赋值(通过format函数格式化文本,参见附录五 In-
                quisit字符串函数)
```

/ evaluatesecond = if((values.firstnum + values.secondnum * values.sign)) = values.substract) item.second.1 = trim(format("%2.0f",values.secondnum)," ")
//当满足条件时,为第 2 个条目赋值(格式化文本)

/ outofrange = (values.firstnum + values.secondnum * values.sign)>values.sum || (values.firstnum + values.secondnum * values.sign)<values.substract //判断是否超出边界

/ generatearithmeticexpression = if(values.sign = = 1) item.first.1 = concat (concat (item.first.1,concat(" + ",item.second.1))," = ") else item.first.1 = concat (concat (item.first.1, concat ("—",item.second.1))," = ") //生成数学表达式

/ generaterandom = ceil(rand(0,values.sum)) //生成介于 0—10 之间的随机数

/generatesign = if(rand(0,1)>0.5) values.sign = 1 else values.sign = —1 //生成运算符
</expressions>

<trial first> //与 trial 对象 second 相互调用,生成满足条件的数学表达式
  / ontrialbegin = [values.firstnum = expressions.generaterandom] //生成第 1 个数
  / ontrialbegin = [values.secondnum = expressions.generaterandom] //生成第 2 个数
  / ontrialbegin = [expressions.generatesign] //生成运算符
  / ontrialbegin = [expressions.evaluatefirst] //为条目 1 赋值
  / ontrialbegin = [expressions.evaluatesecond] //为条目 2 赋值
  / trialduration = 10 //trial 持续时间为 10 毫秒
  / branch = [if(expressions.outofrange) trial.second] //如果运算结果超出边界,则执行 trial 对象 second
  / recorddata = false //不记录此对象的数据
</trial>

<trial second>
  / ontrialbegin = [values.firstnum = expressions.generaterandom]
  / ontrialbegin = [values.secondnum = expressions.generaterandom]
  / ontrialbegin = [expressions.generatesign]
  / ontrialbegin = [expressions.evaluatefirst]
  / ontrialbegin = [expressions.evaluatesecond]
  / trialduration = 10
  / recorddata = false
  / branch = [if(expressions.outofrange) trial.first]
</trial>

<trial instruction> //指导语试次对象
  / validresponse = (anyresponse)

```
        / stimulusframes = [1 = instructiontxt,anykeytxt]
        / recorddata = false
</trial>
<trial arithmeticexpression>  //数学表达式试次对象
        / ontrialbegin = [expressions.generatearithmeticexpression]
        / stimulustimes = [1 = arithmeticexpression]
        / validresponse = (" ")
</trial>
```

定义区组

```
<block mentalarithmetic>  //定义 mentalarithmetic 区组
    / screencolor = (0,0,0)
    / trials = [1—40000 = sequence(first,arithmeticexpression)]  //顺序执行 first 和 arith-
            meticexpression 试次,其中 first 和 second 相互调用以生成满足条件
    / stop = [block.mentalarithmetic.sumlatency>60000]  //运行时间超出 1 分钟时终止
</block>
<block instruction>  //指导语区组
    / screencolor = (0,0,0)
    / trials = [1 = instruction]
</block>
```

定义实验

```
<page summary>  //页面汇总信息
        你目前共做了<%trial.arithmeticexpression.count%>道 10 以内加减法题
</page>
<instruct>  //指导语页面参数设置
    / fontstyle = ("宋体",5%)
    / finishlabel = "按回车键继续"
</instruct>
<expt mentalarithmetic>  //实验体
    / blocks = [1 = instruction, mentalarithmetic]  //先是指导语,接着进行 10 以内的加减法
                                                        运算
    / postinstructions = (summary)  //实验结束后显示汇总信息
</expt>
```

****

2.15 程序组合(再认测验)程序示例

Inquisit 提供了组合不同程序模块的标记符〈batch〉,将要运行的实验程序填加到标记符内,则可以按照指定的程序顺序来批处理运行写在不同程序中的代码,从而省去了将不同的程序写在同一个文件中的麻烦。

2.15.1 〈batch〉标记符

〈batch〉标记符相当于批处理命令,利用此标记符时,不需要在程序中填加实验对象,相当于 DOS 下面的 bat 文件。

```
〈batch〉 //批处理标记符〈batch〉
    / directory = "location" //指定程序文件所在的目录
    / file = "path" //指定批运行的程序文件名及其相对或绝对路径
〈/batch〉
```

2.15.2 再认测验法

再认测验法是常用的测量记忆保持量的方法之一,在再认测验中将识记过的材料与未识记过的材料混合在一起,要求被试将其区分开来。再认测验通常有两类:一类为"是否式"再认测验,测验中向被试呈现若干项目,有先前学习或识记过的材料,也有一些新的但与所学习过的材料相似的未学过的项目,让被试根据他们是否学习过来判断,并以"是"或"否"做出反应。实验程序要求被试的是"二选一"的反应,此方法被试猜中的概率会很高。另一类再认测验是迫选再认,是一种"多选一"的测验,在测验中呈现给被试多个项目,其中只有一个是学习过的,测验时要求被试选出正确的答案,因其降低了被试猜中的概率,该方法优于"是否式"的再认测验。

本实验中选择"是否式"再认测验,先让被试识记 20 个词语,然后呈现给被试 40 个词语,要求将先前识记的内容辨别出来。程序 exp17_1.exp 是识记程序代码;exp17_2.exp 是再认部分的程序代码。

程序 exp17.exp 的代码如下:

```
*************************************
〈batch〉
    / file = "exp17_1.exp" //包含 exp17.exp 所在目录下的 exp17_1.exp 程序文件
    / file = "exp17_2.exp" //包含 exp17.exp 所在目录下的 exp17_2.exp 程序文件
〈/batch〉
*************************************
```

程序 exp17_1.exp 的代码如下:

识记部分

****

⟨item instruction⟩

/1 = "屏幕中央会呈现 20 个词组,每个呈现 1 秒钟,请你尽可能记住它们,以便在后面的测试中取得好成绩"

⟨/item⟩

⟨item oldlist⟩ //定义 20 个用于识记的词组条目库

/1 = "步枪"

/2 = "花草"

/3 = "打雷"

/4 = "燃料"

/5 = "毛笔"

/6 = "笑话"

/7 = "文具"

/8 = "炉灶"

/9 = "美术"

/10 = "颜料"

/11 = "绿叶"

/12 = "水果"

/13 = "文字"

/14 = "武器"

/15 = "车床"

/16 = "木柴"

/17 = "挑水"

/18 = "邮票"

/19 = "田野"

/20 = "油画"

⟨/item⟩

定义刺激

⟨text instructiontxt⟩ //指导语文本对象

/ hjustify = left

/ items = instruction

/ size = (80%,60%)

/ fontstyle = ("宋体",5%)

/ txbgcolor = transparent

/ txcolor = (0,255,0)

```
</text>
<text anykeytxt>
    / items = ("按任意键开始实验")
    / vposition = 70pct
    / fontstyle = ("Arial",24pt)
    / txbgcolor = transparent
    / txcolor = (255,0,0)
</text>
<text wordlist> //定义名为 wordlist 的文本对象
    / items = oldlist //引用 20 个词组条目库中的词语
    / fontstyle = ("宋体",5%)
    / txbgcolor = transparent
    / txcolor = (255,255,255)
</text>
```

………………………………………
定义试次
………………………………………

```
<trial instruction>
    / validresponse = (anyresponse)
    / stimulusframes = [1 = instructiontxt,anykeytxt]
    / recorddata = false
</trial>


<trial wordlist> //定义 wordlist 试次对象
    / stimulustimes = [1 = wordlist] //引用 wordlist 文本对象
    / trialduration = 1000 //呈现 1000 毫秒
    / validresponse = (noresponse) //不需要被试反应
</trial>
```

………………………………………
定义区组
………………………………………

```
<block memorize> //定义区组
    / screencolor = (0,0,0)
    / trials = [1—20 = wordlist] //包含 20 次试次,随机呈现 wordlist 定义的试次
</block>
<block instruction>
    / screencolor = (0,0,0)
    / trials = [1 = instruction]
```

</block>

....

定义实验(Experiment)

....

<expt>
　　/ blocks = [1 = instruction,memorize]
</expt>

****

程序 exp15_7.exp 的代码如下：

再认实验

****

<item instruction> //指导语条目
　　/1 = "请将左右手的食指分别放在'E'键和'I'键上,屏幕中央会呈现40个词组,其中有你先前刚记忆过的,有你没有记忆过的,如果所呈现的词语是你先前学过的,就按'E'键,如果是你先前没有学过的,就按'I'按键。"
</item>
<item wordlist> //词组条目库,其中前 20 个为识记的,后 20 个为未识记过
　　/1 = "步枪"
　　/2 = "花草"
　　/3 = "打雷"
　　/4 = "燃料"
　　/5 = "毛笔"
　　/6 = "笑话"
　　/7 = "文具"
　　/8 = "炉灶"
　　/9 = "美术"
　　/10 = "颜料"
　　/11 = "绿叶"
　　/12 = "水果"
　　/13 = "文字"
　　/14 = "武器"
　　/15 = "车床"
　　/16 = "木柴"
　　/17 = "挑水"
　　/18 = "邮票"
　　/19 = "田野"
　　/20 = "油画"
　　/21 = "衣服"

/22 = "棉花"

/23 = "工具"

/24 = "写字"

/25 = "电影"

/26 = "粉笔"

/27 = "月亮"

/28 = "植物"

/29 = "商品"

/30 = "河流"

/31 = "跑步"

/32 = "机器"

/33 = "黑板"

/34 = "鸟类"

/35 = "星球"

/36 = "茶壶"

/37 = "夜晚"

/38 = "下雨"

/39 = "游泳"

/40 = "商品"

〈/item〉

定义刺激

〈text instructiontxt〉//定义指导语文本对象

　　/ hjustify = left

　　/ select = sequence

　　/ items = instruction

　　/ size = (80%,60%)

　　/ txcolor = (0,255,0)

〈/text〉

〈text anykeytxt〉//定义按键提示文本对象

　　/ items = ("按任意键开始实验")

　　/ vposition = 70pct

　　/ fontstyle = ("Arial",24pt)

　　/ txcolor = (255,0,0)

〈/text〉

〈text oldlist〉//定义识记过的文本对象

```
/ items = wordlist  //引用条目库 wordlist
/ select = noreplace(1—20)  //仅选择前 20 个条目
</text>
<text newlist>  //定义未识记过的文本对象
/ items = wordlist
/ select = noreplace(21—40)  //选择后 20 个条目
</text>
<text error>  //错误反应提示文本对象
/ position = (50%, 75%)
/ items = ("X")
/ color = (255, 0, 0)
/ fontstyle = ("Arial", 10%, true)
</text>
```

定义试次

```
<trial instruction>  //指导语试次
/ validresponse = (anyresponse)  //任意反应
/ stimulusframes = [1 = instructiontxt, anykeytxt]  //同时显示指导语和按键提示信息
/ recorddata = false  //不记录实验数据
</trial>

<trial oldlist>  //定义 oldlist 试次对象,其中是识记过的词语
/ stimulustimes = [1 = oldlist]
/ validresponse = ("E","I")  //有效按键为"E"和"I"键
/ correctresponse = ("E")  //正确按键是"E"
/ errormessage = true(error,500)  //被试按了"I"键时显示错误提示
</trial>

<trial newlist>  //定义 newlist 试次对象,其中是未识记过的词语
/ stimulustimes = [1 = newlist]
/ validresponse = ("E","I")  //有效按键为"E"和"I"键
/ correctresponse = ("I")  //正确按键是"I"
/ errormessage = true(error,500)  //如果按了"E"键,则显示错误提示
</trial>
```

定义区组

```
<block recognize>  //定义 recognize 区组
```

```
    / trials = [1—40 = noreplace(oldlist,newlist)] //包含 40 次试次,识记过和未识记过的词
                                                      语呈现各 20 次
</block>
<block instruction> //指导语区组
    / trials = [1 = instruction]
</block>
```

定义实验

```
<defaults> //设置默认参数
    / fontstyle = ("宋体",5%) //默认字体式样
    / screencolor = black //屏幕颜色为黑色
    / txcolor = white //文本颜色为白色
    / txbgcolor = black //文本背景色为黑色
</defaults>
<expt>
    / blocks = [1 = instruction; 2 = recognize]
    / postinstructions = (summary)
</expt>
<instruct> //内置指定导格式设置
    / fontstyle = ("宋体",3%)
    / finishlabel = "单击"继续"按钮"
    / screencolor = (0,0,0)
    / txcolor = (255,255,255)
    / inputdevice = mouse //对指导语的操作设备设置为鼠标
</instruct>
<page summary> //实验结束后,显示统计信息
    下面是你的实验成绩:^
    击中次数:<%trial.oldlist.correctcount%>^ //调用对象的相关属性
    虚报次数:<%trial.newlist.errorcount%>
</page>
```

****

2.16 引用其他程序文件中的对象程序示例

如果需要使用其他程序中定义的刺激或实验对象,一种方法是将所需代码复制到实验程序中来,但 Inquisit 提供了类似于 C 语言中 #include 的标记符,只要在程序中通过

〈include〉标记符将代码所在文件包含到当前实验程序中,就可以使用所定义的对象。需要注意,即使所定义的实验对象名称在不同的文件中,在使用〈include〉标记符时,对象名称不能够同名。

2.16.1 〈include〉标记符

在 Inquisit 中可以重复利用已经定义的刺激对象或页面,这样就大大提高了程序编写效率,只要在程序中加入〈include〉〈/include〉标记符,其中加入所调用的程序文件,就可以直接引用这些文件所定义的对象,其格式如下:

```
〈include〉 //标记符
    / file = "path" //指定所要引用的文件名(包含绝对路径或相对路径)
    / file = "path"
    / file = "path"
〈/include〉
```

2.16.2 储存负荷对短时记忆的影响

储存负荷指人在一定时间内保存在大脑中并能及时提取的信息量。为探究短时记忆与储存负荷的关系,本实验将检验一个假设:当一个人被要求大量储存负荷时,回忆的错误量将随之增长,换句话说,增加负荷导致短时记忆正确率下降。另一方面,本实验中的程序分为三个文件,演示了〈include〉标记符的运用情况。程序 exp18_0.exp 通过〈surveypage〉标记符用于登录被试的信息;程序 exp18_1.exp 主要提供了在正式实验前让被试熟悉 8 个分类词目;程序 exp18_2.exp 主要是控制不同储存容量对被试回忆正确率的影响。通过〈include〉标记符将上述三个文件包含到程序 exp18.exp 中,并在其中设置了实验体和默认参数。下面是三个程序的代码。

程序 exp18_0.exp 代码如下:

```
〈caption title〉 //标题对象定义
    / caption = "储存负荷量对短时记忆的影响" //设置主标题内容
    / subcaption = "个人信息" //设置副标题内容
    / fontstyle = ("宋体", -32, false, false, false, false, 5, 134) //设置主标题字体式样
    / subcaptionfontstyle = ("楷体_GB2312", -24, false, false, false, false, 5, 134) //设
        置副标题字体式样
    / position = (28%,3%) //显示位置
〈/caption〉
〈textbox age〉 //年龄文本输入框
    / caption = "年龄:" //标题
    / mask = integer //输入掩码指定为数字
```

```
        / range = (3,80) //设置输入数值的限定范围
        / orientation = horizontal //水平排列方式
        / fontstyle = ("宋体",24) //字体式样
</textbox>
<radiobuttons gender> //性别单选框
        / caption = "性别:" //标题
        / options = ("男","女") //备选项
        / orientation = horizontal //水平排列方式
        / fontstyle = ("宋体",24) //字体式样
</radiobuttons>
<textbox grade>
        / caption = "年级:"
        / orientation = horizontal
        / fontstyle = ("宋体",24)
</textbox>
<textbox major>
        / caption = "专业:"
        / orientation = horizontal
        / fontstyle = ("宋体",24)
</textbox>
<surveypage personalinfo> //定义调查页面对象
        / questions = [1 = title;2 = age;3 = gender;4 = grade;5 = major] //指定页面显示内容,分别
              为标题、年龄文本框、性别单选框、年级文本框和专业文本框
        / txcolor = black //设置文本颜色为黑色(因为在 exp18.exp 中的<defaults>中设置了默认文
              本颜色为白色)
        / finishlabel = "继续" //将结束标签更改为"继续"
</surveypage>
<block personalinfo> //个人信息区组
        / trials = [1 = personalinfo]
        / screencolor = white //设置屏幕颜色为白色(因为在 exp18.exp 中的<defaults>中设置了默
              认文本颜色为黑色)
</block>
```

程序 exp18_1.exp 代码如下:

```
<page instruction> //页面指导语
    "接下来,你将要看到八类词组,分别为汽车,树木,城市,金属,运动,衣着,颜色和动物,每一类
词又有四个不同的词目,给你 30 秒钟的熟悉时间,请你尽可能地搞清楚不同词目所属的类别,以便
完成随后的测试。~按回车键继续!"
</page>
```

```
<text cat>  //分类词组文本对象
    / items=("汽车：红旗  解放  福特  皇冠
    ~n 树木：松树  樟树  枣树  槐树
    ~n 城市：巴黎  罗马  伦敦  纽约
    ~n 金属：铜块  铁块  锡块  银块
    ~n 运动：滑冰  体操  排球  网球
    ~n 衣着：大衣  手套  鞋子  裙子
    ~n 颜色：黄色  红色  蓝色  绿色
    ~n 动物：公牛  黄鱼  青蛙  鸽子")  //设置文本条目,注意"~n"符号表示另起一行(但需
                            要设置 size 参数)
    / fontstyle=("宋体",3%)  //定义字体式样
    / vjustify=center  //文本垂直对齐方式
    / size=(70%,50%)  //文本显示区域的大小
</text>
<trial memory>  //定义 trial 对象,用于呈现让被试熟悉实验所用的材料
    / stimulusframes=[1=cat]
    / timeout=30000  //材料呈现 30000 毫秒自动终止
    / validresponse=(" ")  //或者期间被试按空格键退出
</trial>
<block instruction>  //指导语 block 对象
    / preinstructions=(instruction)  //首先呈现指导语
    / trials=[1=memory]  //再呈现需要被试熟悉的材料
    / recorddata=false  //不记录此过程中的实验数据
</block>
<page instruction2>  //指导语页面
    "下面,在屏幕上会呈现你前面所阅读过的词目,每次呈现一个,每个呈现 2 秒钟,要尽可能地记住它们,然后中间会穿插有诸如"什么树"、"什么城市"的提问,你要尽快地根据你最近所看到的符合类别的词目作出回答(时间只有 4 秒钟),然后新词目和问题会交替呈现。
    ~n 你可以休息 1 分钟,然后按回车键开始第<%expt.load.currentblocknumber—1%>个 Block。"
</page>
<instruct>  //指导语参数设置
    / screencolor=black  //将默认屏幕颜色设置为黑色
    / txcolor=white  //文本默认颜色为白色
    / windowsize=(50%,60%)  //默认指导语显示窗口大小
    / fontstyle=("宋体",3%)  //默认字体式样
</instruct>
```

程序 exp18_2.exp 代码如下：

```
<text stim3> //负荷量为 3 时的显示文本
    / items = ("红旗","樟树","纽约","滑冰","铁块","枣树","帽子","红色","黄鱼","铜块",
        "伦敦","网球","蓝色","手套")
    / select = sequence //顺序显示文本对象条目
</text>
<text stim4> //负荷量为 4 时的显示文本
    / items = ("铜块","绿色","枣树","皇冠","体操","手套","巴黎","公牛","银块","槐树",
        "排球","解放","黄色","青蛙","帽子")
    / select = sequence
</text>
<text stim5> //负荷量为 5 时的显示文本
    / items = ("福特","枣树","巴黎","锡块","手套","槐树","体操","皇冠","红色","排球",
        "银块","公牛","铁块","罗马","松树","蓝色")
    / select = sequence
</text>
<text stim6> //负荷量为 6 时的显示文本
    / items = ("纽约","铜块","体操","手套","绿色","公牛","红旗","松树","黄色","罗马",
        "帽子","皇冠","樟树","网球","黄鱼","银块","大衣")
    / select = sequence
</text>
<text stim7> //负荷量为 7 时的显示文本
    / items = ("解放","松树","伦敦","红色","铁块","排球","帽子","鸽子","巴黎","滑冰",
        "公牛","绿色","鞋子","银块","体操","罗马","锡块","樟树")
    / select = sequence
</text>
<text stim8> //负荷量为 8 时的显示文本
    / items = ("樟树","福特","罗马","锡块","滑冰","帽子","黄色","青蛙","枣树","铁块",
        "红色","网球","解放","鸽子","手套","伦敦","松树","体操","铜块")
    / select = sequence
</text>
<item questions> //定义问题条目库
    /1 = "什么汽车?"
    /2 = "什么树?"
    /3 = "什么城市?"
    /4 = "什么运动?"
    /5 = "什么金属?"
    /6 = "什么穿戴?"
    /7 = "什么颜色?"
```

```
            /8 = "什么动物？"
</item>
<counter counter3> //定义负荷量等于 3 时文本对象使用的计数器
    / select = sequence(1,2,3,4,2,5,6,7,5,8,4,3) //此顺序设定选取 questions 条目库中不同
                                                    问题的顺序
</counter>
<counter counter4> //定义负荷量等于 4 时文本对象使用的计数器
    / select = sequence(5,7,4,1,2,8,6,3,2,4,5,8)
</counter>
<counter counter5> //定义负荷量等于 5 时文本对象使用的计数器
    / select = sequence(2,1,2,3,4,5,6,5,7,8,4,3)
</counter>
<counter counter6> //定义负荷量等于 6 时文本对象使用的计数器
    / select = sequence(7,3,6,1,2,4,5,8,3,6,8,1)
</counter>
<counter counter7> //定义负荷量等于 7 时文本对象使用的计数器
    / select = sequence(3,4,8,7,6,5,4,3,5,2,1,7)
</counter>
<counter counter8> //定义负荷量等于 8 时文本对象使用的计数器
    / select = sequence(2,5,7,4,1,8,6,3,2,4,5,8)
</counter>
<values> //自定义变量，用处
    /wordtime = 2000
    /questiontime = 4000
</values>
<text que3> //定义提问用的文本对象
    / items = questions //引用问题条目库
    / select = counter3 //引用计数器
</text>
<trial word3> //定义名为 word3 的 trial 对象，用于呈现负荷量为 3 时的刺激材料
    / stimulustimes = [1 = stim3] //显示负荷量等于 3 时的词组序列
    / timeout = values.wordtime //设置超时时间
    / branch = [if (trial.word3.count) = 3) trial.que3] //当显示的词组数目超过 3 个时，开
                                                        始显示提问项
</trial>
<trial que3> //定义提问用的 trial 对象
    / stimulustimes = [1 = que3] //指定呈现的提问内容
    / timeout = values.questiontime //设置超时时间
```

```
</trial>
<block load3> //定义名为 load3 的 block 对象
    / preinstructions = (instruction2) //首先呈现指导语
    / trials = [1—14 = word3] //共运行 14 次 word3 试次对象(其中包括 12 次 que3 提问用的试
                              次对象)
</block>

<text que4>
    / items = questions
    / select = counter4
</text>
<trial word4>
    / stimulustimes = [1 = stim4]
    / timeout = values.wordtime
    / branch = [if (trial.word4.count) = 4) trial.que4]
</trial>
<trial que4>
    / stimulustimes = [1 = que4]
    / timeout = values.questiontime
</trial>
<block load4>
    / preinstructions = (instruction2)
    / trials = [1—15 = word4]
</block>

<text que5>
    / items = questions
    / select = counter5
</text>
<trial word5>
    / stimulustimes = [1 = stim5]
    / timeout = values.wordtime
    / branch = [if (trial.word4.count) = 5) trial.que5]
</trial>
<trial que5>
    / stimulustimes = [1 = que5]
    / timeout = values.questiontime
</trial>
```

133

```
<block load5>
    / preinstructions = (instruction2)
    / trials = [1—16 = word5]
</block>

<text que6>
    / items = questions
    / select = counter6
</text>
<trial word6>
    / stimulustimes = [1 = stim6]
    / timeout = values.wordtime
    / branch = [if (trial.word6.count) = 6) trial.que6]
</trial>
<trial que6>
    / stimulustimes = [1 = que6]
    / timeout = values.questiontime
</trial>
<block load6>
    / preinstructions = (instruction2)
    / trials = [1—17 = word6]
</block>

<text que7>
    / items = questions
    / select = counter7
</text>
<trial word7>
    / stimulustimes = [1 = stim7]
    / timeout = values.wordtime
    / branch = [if (trial.word7.count) = 7) trial.que7]
</trial>
<trial que7>
    / stimulustimes = [1 = que7]
    / timeout = values.questiontime
</trial>
<block load7>
    / preinstructions = (instruction2)
```

```
    / trials = [1—18 = word7]
</block>

<text que8>
    / items = questions
    / select = counter8
</text>
<trial word8>
    / stimulustimes = [1 = stim8]
    / timeout = values.wordtime
    / branch = [if (trial.word8.count) = 8) trial.que8]
</trial>
<trial que8>
    / stimulustimes = [1 = que8]
    / timeout = values.questiontime
</trial>
<block load8>
    / preinstructions = (instruction2)
    / trials = [1—19 = word8]
</block>
```

程序 exp18.exp 代码如下：

****

```
<include> //文件引用标记
    / file = "exp18_0.exp"
    / file = "exp18_1.exp"
    / file = "exp18_2.exp"
</include>
```

****

```
<expt load> //实验对象
    / blocks = [1 = personalinfo; 2 = instruction; 3—8 = noreplace(load3, load4, load5, load6,
            load7, load8)] //首先登记被试的个人信息,然后呈现指导语,完成实验
</expt>
<defaults> //默认参数设置
    / screencolor = black //默认屏幕颜色为黑色
    / txcolor = white //默认文本颜色为白色
    / txbgcolor = black //默认文本背景色为黑色
    / fontstyle = ("宋体", 5%) //默认字体式样
</defaults>
```

2.17 设定时间窗(时间估计)程序示例

Inquisit 提供了设定被试反应的时间窗,而且根据被试的反应情况可以灵活地控制刺激的呈现和反应时间窗的参数。

2.17.1 〈response〉标记符

〈response〉标记符提供了获取和测量被试反应的一种便捷途径,并不需要通过条件分支语句来判断被试反应速度就可以调整反应时间窗参数,下面是其格式:

〈response responsename〉 //定义名为 responsename 的反应对象
 / mode = responsemode //反应模式,取值为:
  ● free:任意有效按键
  ● window:反应窗
  ● correct:直至被试正确按键才终止本次试次,所记录的反应时为正确按键时的反应时,但所记录的反应键为被试首次的按键
  ● noresponse:不需要被试做出反应
  ● anyresponse:需要被试反应,但可以任意反应键
 / rwcenter = integer //时间窗的中点,即从刺激开始呈现至反应窗的时间间隔
 / rwdeccondition = [(percentcorrect, latency), (percentcorrect, latency), ...] //设定下一区组反应窗降低的条件,例如/ rwdeccondition = [(80, -50)]表示当被试的正确率大于80%,且反应时比当前设定的反应窗的中点快50毫秒,就进一步缩短反应窗,所缩短的毫秒数由 rwdecunit 参数设置
 / rwdecunit = integer //设置反应窗缩减的单位,即在当前反应窗中心的基础上减少指定的毫秒数
 / rwhitduration = integer //当击中(即被试的反应时介于指定的反应窗)某对象时,表明击中反馈信息呈现的时间
 / rwhitstimulus = stimulusname //击中(即被试的反应介于指定的反应窗)反馈信息
 / rwinccondition = [(percentcorrect, latency), (percentcorrect, latency), ...] //设定下一区组反应窗增加的条件,例如/ rwinccondition = [(60, 50)]表示当被试的正确率小于60%,且反应时比反应窗的中点慢50毫秒时,就增加时间窗,所增加的毫秒数由 rwincunit 参数设置
 / rwincunit = integer //设置反应窗增加的单位
 / rwlatencymetric = metric //调整反应窗所依据的统计指标,取值为 mean(均值)和 median(中位数)
 / rwmaxcenter = integer //反应窗中点的最大值
 / rwmincenter = integer //反应窗中点的最小值
 / rwmissstimulus = stimulusname //如果被试的反应介于反应窗之外时,所显示的反馈信息

/ rwstimulus = stimulusname //设置在反应窗内呈现的刺激
/ rwwidth = integer //设置反应窗围绕中心点上下浮动的时间(单位毫秒)
/ srsignal = voicesignal //当输入通道为语音时,设置语音反应级别,取值为:sound(任何声音均作为有效输入)、hypothesis(语音识别引擎将任何可能的语音作为有效的输入)和 identify(语音识别引擎确认的语音输入才作为有效的输入),默认值为 identify
/ srthreshold = integer //设定语音输入的音量多大才触发语音输入,取值范围为 1—100,默认值为 50,即中等强度的音量即触发语音输入
/ timeout = integer expression //设置超时时间
⟨/response⟩

2.17.2 时间估计

人对客观对象的延续性和顺序性的主观反映,称为时间知觉。人能够利用时间标尺来知觉时间,这种标尺可以是外在物理的,也可以是内在经验的。本程序只是为了演示 Inquisit 反应时间窗标记符⟨response⟩的应用,并未设计得过于复杂。

时间估计程序 exp19.exp 的代码如下:

****

定义刺激

⟨text instructiontxt⟩ //定义指导语文本对象
    / hjustify = left
    / items = ("屏幕中央首先会出现"十"字注视点,然后出现一绿色色块,当你估计绿色色块呈现的时间为 10 秒时,请持续按下空格键,如果你持续按下空格键的时间与 10 秒相差 1 秒钟之内,则在屏幕下方会出现一绿色的~"√~";否则表明你估计的时间与 10 秒相差较大,看你时间估计有多准?")
    / size = (80%,60%)
    / txcolor = white
⟨/text⟩
⟨text anykeytxt⟩ //按键提示文本对象
    / items = ("按任意键开始实验")
    / vposition = 70pct
    / fontstyle = ("Arial",24pt)
    / txcolor = (255,0,0)
⟨/text⟩
⟨text fixation⟩ //注视点文本对象
    / items = (" + ")

```
        / fontstyle = ("Arial",3%)
        / txbgcolor = black
        / txcolor = white
</text>
<shape nullrect> //定义大小为 0 的 shape 对象,供 response 对象的 rwstimulus 参数用
        / color = (0,0,0)
        / size = (0%,0%)
</shape>
<shape greenrect> //定义大小为 100pix X 100pix 的绿色色块
        / color = (0,255,0)
        / size = (100,100)
</shape>


<text correct> //定义正确反馈文本对象
        / position = (50%,75%)
        / items = ("√")
        / txcolor = (0,255,0)
        / fontstyle = ("Arial",10%,true)
</text>
<response responseinwindow> 定义反应时间窗对象
        / mode = window //反应模式为时间窗
        / rwcenter = 10000 //时间窗的中心为 10 秒
        / rwwidth = 2000 //时间窗的宽度为 2000 毫秒,即被试的反应介于 9 秒和 11 秒视为正确
        / rwstimulus = nullrect //在反应窗内不显示刺激
        / rwhitstimulus = correct //在时间窗内击中时的反馈信息
        / rwhitduration = 200 //反馈信息在屏幕上的持续时间为 200 毫秒
</response>
..................................

定义试次
..................................

<trial instruction> //指导语试次对象
        / validresponse = (anyresponse) //有效按键为任意键
        / stimulusframes = [1 = instructiontxt,anykeytxt]
        / recorddata = false //不记录实验数据
</trial>


<trial timeevaluation> //时间估计试次对象
        / stimulustimes = [1 = fixation;1500 = greenrect] //首先呈现注视点,1.5 秒后呈现绿色色块
```

```
    / validresponse = (" ") //空格键终止本次试次
    / response = responseinwindow //反应方式为时间窗
</trial>
```

定义区组
```
<block timeevaluation> //时间估计区组对象
    / trials = [1—10 = timeevaluation]
</block>
<block instruction> //指导语区组对象
    / trials = [1 = instruction]
</block>
```

定义实验
```
<defaults> //默认参数设置
    / fontstyle = ("宋体",4%) //默认字体
    / screencolor = black //屏幕颜色为黑色
    / txcolor = white //文本为白色
    / txbgcolor = black //文本背景色为黑色
</defaults>
<expt> //实验体
    / blocks = [1 = instruction;2 = timeevaluation]
    / postinstructions = (summary)
</expt>
<instruct> //指导语页面参数设置
    / fontstyle = ("宋体",3%)
    / finishlabel = "单击"继续"按钮"
    / screencolor = (0,0,0)
    / txcolor = (255,255,255)
    / inputdevice = mouse //对页面的控制使用鼠标
</instruct>
<page summary> //汇总页面
    下面是你的实验成绩：~
    你共估计了<% block.timeevaluation.trialcount %>次,其中你估计的时间在9～11秒中的次数为:<% block.timeevaluation.numinwindow %>次。
</page>
```

* *

2.18 利克特量表(自尊量表)程序示例

利克特(Rensis A. Likert)量表是评分加总方式量表最常用的一种,属于同一概念的多个项目用加总方式来计分,对单独或个别项目是无意义的。它是由美国社会心理学家利克特于 1932 年在原有的总加量表基础上改进而得出的。该量表由一组陈述组成,每一陈述有"非常同意"、"同意"、"不一定"、"不同意"、"非常不同意"五种回答,分别记为 1,2,3,4,5 分,每个被调查者的态度总分就是他对各道题的回答所得分数的加总,这一总分可说明他的态度强弱或他在这一量表上的不同状态。常用的有利克特 5 点量表和利克特 7 点量表等。

2.18.1 〈likert〉标记符

Inquisit 提供的〈likert〉标记符可以方便我们编制量表测验,只要定义好题项,然后在〈likert〉标记符内通过 stimulusframes 或 stimulustimes 参数引用,并通过 anchors 来设置各个锚点对应的标签,即"非常同意"、"同意"、"不一定"、"不同意"、"非常不同意"之类就可以完成电脑上的量表测验。其格式如下:

〈likert likertname〉 //定义名为 likertname 的利克特对象
　　/ anchors = [point = "label"; point = "label"; point = "label"] //设置锚点值对应的标签
　　/ anchorwidth = width //设置每个锚点的宽度
　　/ branch = [if expression then event] //设置条件分支语句,当满足指定的条件时,运行相应的区组或试次
　　/ buttonvalues = [point = "value", point = "value", point = "value"] //设置各按钮的对应值,该值将写入到数据文件中
　　/ correctmessage = false or true(stimulusname, duration) //正确反应的反馈信息,false 表示不显示反馈信息(默认值),stimulusname 为定义的某刺激对象名,duration 为反馈信息呈现时间
　　/ correctresponse = ("word", "word", "...") or (keyword) //正确反应,可以是各锚点值(字符形式)或 noresponse 和 anyresponse 关键字
　　/ errormessage = false or true(stimulusname, duration) //错误反应的反馈信息
　　/ fontstyle = ("face name", height, bold, italic, underline, strikeout, quality, character set) //字体样式
　　/ position = (x, y) //显示位置
　　/ mouse = boolean //除键盘作为输入设备外(键盘上的方位键用于在屏幕上不同按钮间跳转,按"Enter"键确认),是否允许鼠标输入,true 为允许,false 为不允许
　　/ numframes = integer //刺激呈现多少时间(以帧为单位),才显示 likert 对象
　　/ numpoints = integer //设置锚点数,相当于是 5 点量表还是 7 点量表

/ ontrialbegin = [expression; expression; expression; ...] //开始运行试次前,所执行的表达式

/ ontrialend = [expression; expression; expression; ...] //试次结束后,所执行的表达式

/ posttrialpause = integer expression //试次结束后,暂停时间(单位毫秒)

/ posttrialsignal = (modality, signal) //设置试次结束后,由某个通道中的信息触发下一次试次,modality 可以为 keyboard、COM1, COM2, COM3, …、XID1, XID2, XID3, ... 或 LPT1, LPT2, LPT3, ...;如果设置为 keyboard,则 signal 为按键的扫描码

/ pretrialpause = integer expression //运行试次前暂停的时间(单位毫秒)

/ pretrialsignal = (modality, signal) //运行试次前需要等待某个通道中的信号

/ response = responsename or timeout(milliseconds) or window(center, width, stimulusname) or responsemode //设置反应窗、超时时间、时间窗或反应模式

/ responseframe = integer //设置开始接收被试输入的时间,以帧为单位

/ responseinterrupt = mode //设置在一次试次中有多个刺激连续呈现,当被试做出有效按键反应后的中止方式。可取值为:immediate(立即中止,不再显示剩余刺激)、frames(显示剩余刺激)和 trial(显示剩余刺激,且音频或视频刺激播放完才进入下一试次)

/ responsemessage = (responsevalue, stimulusname, duration) //设置当被试做出由 responsevalue 指定的反应时,呈现由 stimulusname 指定的刺激

/ responsetime = integer //设置开始识别(记录)被试反应的时间(从刺激开始呈现计时),以毫秒为单位,作用等同于 responseframe

/ responsetrial = (response, trialname) //当被试作出由 response 指定的反应时,则运行由 trialname 指定的试次对象,特别适合于根据被试选项的不同跳转至不同题目的情况

/ stimulusframes = [framenumber = stimulusname, stimulusname, ...; framenumber = stimulusname, ...] or [framenumber = selectionmode(stimulusname, stimulusname, stimulusname, ...)] //设定在不同时间(帧数)呈现的刺激序列

/ stimulustimes = [time = stimulusname, stimulusname, ...; time = stimulusname, ...] or [time = selectionmode (stimulusname, stimulusname, stimulusname, ...)] //设定在不同时间(毫秒)呈现的刺激序列

/ timeout = integer expression //设置超时时间

/ trialdata = [stimulusname, stimulusname, stimulusname, "string" "string", "string"] //设置将不同的刺激对象写入数据文件时的替换信息

/ trialduration = integer expression //设置试次持续时间,不能与 timeout 参数同时使用

〈/likert〉

2.18.2 自尊测验

自尊量表由罗森伯格(Rosenberg)于1965年编制,用于评定关于自我价值和自我接纳的总体感受,该量表由10个条目组成,被试直接报告这些描述是否符合他们自己。分四级评分,1表示非常符合,2表示符合,3表示不符合,4表示很不符合,总分范围是10—40分,分值越高,自尊程度越高。

自尊测验的程序 exp20.exp 代码如下:

自尊量表(Self-Esteem Scale)
****

```
<item questions>   //量表题项条目库
    /1 = "1.我认为自己是个有价值的人,至少与别人不相上下。"
    /2 = "2.我觉得我有许多优点。"
    /3 = "3.总的来说,我倾向于认为自己是一个失败者。"
    /4 = "4.我做事可以做得和大多数人一样好。"
    /5 = "5.我觉得自己没有什么值得自豪的地方。"
    /6 = "6.我对自己持有一种肯定的态度。"
    /7 = "7.整体而言,我对自己觉得很满意。"
    /8 = "8.我要是能更看得起自己就好了。"
    /9 = "9.有时我的确感到自己很没用。"
    /10 = "10.有时我觉得自己一无是处。"
</item>
<page instruction>   //指导语页面
        自尊量表(self-esteem scale,SES)由 Rosenberg 于1965年编制,用以评定青少年关于自我价值和自我接纳的总体感受。~
        请在每一个问题后选择你认为最适合自己的选项。~
        答题方法:^
        方法一:请用鼠标直接单击相应选项^
        方法二:用方向键、Tab 键或空格键在各个选项间变换,按回车键确认。
</page>
<page result>   //汇总页面
        此量表由5个正向计分和5个反向计分的条目组成,分4级评分。"非常同意"计4分,"同意"计3分,"不同意"计2分,"非常不同意"计1分,其中第3、5、8、9、10为反向计分题。总分越高说明自尊水平越高。
</page>
```

定义刺激

```
<instruct>   //指导语页面参数设置
    / fontstyle = ("宋体",3%)
    / windowsize = (80%,60%)
    / finishlabel = ("按回车键继续")
</instruct>
<text questions>   //题项文本对象
    / fontstyle = ("宋体",3%)
    / items = questions
    / select = sequence   //顺序呈现测试题目
    / vposition = 40%
</text>
```

....

定义试次

....

```
<likert selfesteem>   //利克特对象
    / stimulusframes = [1 = questions]
    / position = (50,60)
    / anchors = [1 = "非常同意";2 = "同意";3 = "不同意";4 = "非常不同意"]   //四个选项的
        锚点
    / numpoints = 4   //设置选项数为4
    / buttonvalues = [1 = "4";2 = "3";3 = "2";4 = "1"]   //相当于分值,因有反向计分题,关系不大
</likert>
```

....

定义区组

....

```
<block selfesteem>   //定义自尊测试区组
    / trials = [1—10 = selfesteem]
</block>
```

....

定义实验

....

```
<expt>   //实验体
    / preinstructions = (instruction)   //实验前指导语
    / blocks = [1 = selfesteem]   //引用 selfesteem 区组
    / onblockend = [instruct.finishlabel = "Press Enter to End the Test"]
    / postinstructions = (result)   //实验结束后的汇总信息
</expt>
```

＊＊＊＊＊＊＊＊＊＊＊＊＊＊＊＊＊＊＊＊＊＊＊＊＊＊＊＊＊＊

程序运行结果示例如图 5-10 所示：

1. 我认为自己是个有价值的人，至少与别人不相上下。

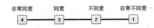

图 5-10　利克特量表题项示例

2.19　开放式问题（自由联想测验）程序示例

在心理学实验中，当需要被试输入答案（方便数据的记录和整理）时，可以通过〈textbox〉和〈surveypage〉标记符实现，但当批量处理时，前面的方法就不方便了，因为〈surveypage〉标记符的 caption 参数无法指定为条目库，只能是字符文本。Inquisit 提供的〈openended〉标记符可以解决此问题。其格式如下：

2.19.1　〈openended〉标记符

〈openended openendedname〉//定义名为 openendedname 的开放式题项对象（openended）及自由联想的反应

/ branch = [if expression then event] //设置条件分支语句，当满足指定的条件时，运行相应的区组或试次

/ buttonlabel = "string" //设置按钮标签

/ charlimit = integer //设置最多输入的字符数

/ correctmessage = false or true(stimulusname, duration) //正确反应的反馈信息，false 表示不显示反馈信息（默认值），stimulusname 为定义的某刺激对象名，duration 为反馈信息呈现时间

/ correctresponse = (stimulusname, stimulusname, ...) or ("word", "word","...") or (keyword) //设置相应的正确反应，可以是某刺激对象，或者文本内容，或者是 anyresponse 和 noresponse

/ errormessage = false or true(stimulusname, duration) //错误反应的反馈信息

/ fontstyle = ("face name", height, bold, italic, underline, strikeout, quality, character set) //设置字体式样

/ linelength = integer //设置反应文本框的长度，默认值为 20

/ mouse = boolean //是否允许鼠标作为输入设备，true 或 false

/ multiline = boolean //是否允许多行输入，true 或 false

/ numframes = integer //由 stimulusframes 或 stimulustimes 指定的刺激呈现多长时间(以帧为单位)后,才显示文本输入框

/ ontrialbegin = [expression; expression; expression;...] //开始运行试次前,所执行的表达式

/ ontrialend = [expression; expression; expression;...] //试次结束后,执行的表达式

/ position = (x expression, y expression) //文本框的显示位置

/ posttrialpause = integer expression //试次结束后的暂停时间(单位毫秒)

/ posttrialsignal = (modality, signal) //试次结束后,由指定的输入通道信号触发下一试次

/ pretrialpause = integer expression //试次开始前的暂停时间(单位毫秒)

/ pretrialsignal = (modality, signal) //接收到指定输入通道的信号才开始执行本次试次

/ response = responsename or timeout(milliseconds) or window(center, width, stimulusname) or responsemode //设置反应窗、时间窗、超时时限或反应模式

/ responseframe = integer //设置开始接收被试反应的时间(以帧为单位)

/ responseinterrupt = mode //设置在一次试次中有多个刺激连续呈现,当被试作出有效按键反应后的中止方式。可取值为:immediate(立即中止,不再显示剩余刺激)、frames(显示剩余刺激)和 trial(显示剩余刺激,且音频或视频刺激播放完才进入下一试次)

/ responsetime = integer //设置开始接收被试反应的时间(以毫秒为单位)

/ responsetrial = (response, trialname) //设置被试作出指定反应后运行的试次(trial)

/ size = (width expression, height expression) //设置文本的大小

/ stimulusframes = [framenumber = stimulusname, stimulusname,...; framenumber = stimulusname,...] or [framenumber = selectionmode(stimulusname, stimulusname, stimulusname,...)] //设定在不同时间(帧数)呈现的刺激序列

/ stimulustimes = [time = stimulusname, stimulusname,...; time = stimulusname,...] or [time = selectionmode(stimulusname, stimulusname, stimulusname,...)] //设定在不同时间(毫秒)呈现的刺激序列

/ timeout = integer expression //设置超时时限,即在此时间内没有任何反应,则转入下一试次

/ trialdata = [stimulusname, stimulusname, stimulusname, "string" "string", "string"] //设置写入数据文件中表示各个刺激对象的字符串

/ trialduration = integer expression //设置试次持续时间,不能与 timeout 参数同时使用

/ validresponse = (stimulusname, stimulusname,...) or ("word", "word,"...") or (keyword) //设置有效反应,可以是某刺激对象,或者文本内容,或者是 anyresponse 和 noresponse

</openended>

2.19.2 自由联想测验

联想法属于投射测验的一种形式,通常要求被试说出某种刺激(如字词、墨迹)所引起的联想,一般指首先引起的联想,本程序呈现 5 张图片,要求被试把看到图片后首先想到的词语输入到开放式文本输入框中。

程序 exp21.exp 的代码如下:

```
自由联想测验(Free Association)
******************************
<item pictures> //图片条目库
    /1 = "free1.jpg"
    /2 = "free2.jpg"
    /3 = "free3.jpg"
    /4 = "free4.jpg"
    /5 = "free5.jpg"
</item>
<page instruction> //指导语页面
        自由联想测验(Free Association Test)~
        屏幕中央会依次出现不同的图片,当你看完一张图片后,就把在你脑海中出现(想到)的
第一词语写在下面的文本框中,然后用鼠标单击"下一个"或按"Ctrl + Enter"组合键继续。
</page>
```

定义刺激
....

```
<instruct> //指导语页面参数设置
    / fontstyle = ("宋体",3%)
    / finishlabel = ("按回车键继续")
</instruct>
<picture pictures> //定义图片对象 pictures
    / items = pictures
    / vposition = 50%    //显示屏幕中心
    / size = (800px,600px) //图片尺寸为 800 像素宽,600 像素高
</picture>
```

定义试次
....

```
<openended freeassociation> //定义开放式对象
    / stimulusframes = [1 = pictures] //引用图片对象
```

```
    / position = (50%,90%)    //文本输入框显示屏幕底部
    / buttonlabel = ("下一个")  //设置按钮标签
    / size = (20%,2%)         //文本输入框的大小
    / charlimit = 40          //允许输入的字符数
</openended>
```

定义区组

```
<block freeassociation>  //定义自由联想 block 对象
    / trials = [1—5 = freeassociation]
</block>
```

定义实验

```
<expt>  //实验对象
    / preinstructions = (instruction)  //指导语
    / blocks = [1 = freeassociation]   //实验区组
</expt>
```

****

程序结果示例如图 2-11 所示。

图 2-11　开放式问题示例

2.20 刺激关联(对偶联合回忆)程序示例

在实验设计中有时需要将刺激成对呈现,此时两个刺激之间就建立起一定的联系,即 B 刺激是与 A 刺激一起呈现的。本示例通过对偶联合回忆来说明如何将刺激成对处理,首先在屏幕中央依次呈现 10 对英文单词对,每对呈现 1 秒钟,然后再随机呈现每个单词对中的前一个单词,要求被试写出与之配对的单词。在本示例中还设置了实验结束的条件,即只有当被试完全记住 10 个单词对时,程序才结束。

程序 exp22.exp 代码如下:

```
*********************************
对偶联合回忆——检验法
*********************************
<item firststim> //刺激条目库
    /1 = "trian"
    /2 = "water"
    /3 = "music"
    /4 = "chair"
    /5 = "flower"
    /6 = "number"
    /7 = "pencil"
    /8 = "shirt"
    /9 = "father"
    /10 = "cough"
</item>
<item secondstim> //反应条目库
    /1 = "fur"
    /2 = "egg"
    /3 = "leg"
    /4 = "top"
    /5 = "son"
    /6 = "act"
    /7 = "ice"
    /8 = "war"
    /9 = "cup"
    /10 = "bay"
</item>
```

....
定义刺激
....

```
<text firststim>  //前置词文本对象
    / items = firststim
    / halign = right  //右对齐
    / hposition = 45%  //显示中屏幕中心偏左位置
</text>
<text secondstim>  //后置词文本对象
    / items = secondstim
    / hposition = 55%
    / halign = left
    / select = current(firststim)  //根据前置词在刺激条目库的序号选择反应条目库相应序号
                                     的后置词
</text>
<textbox test1>  //定义测试文本框对象
    / caption = "trian"  //标题为某前置词
    / correctresponse = ("fur")  //正确反应指定为被试在文本框中输入与其配对的单词
    / validresponse = (anyresponse)  //被试可以输入任意内容或不输入内容
    / position = (40%,50%)
</textbox>
<textbox test2>
    / caption = "water"
    / correctresponse = ("egg")
    / validresponse = (anyresponse)
    / position = (40%,50%)
</textbox>
<textbox test3>
    / caption = "music"
    / correctresponse = ("leg")
    / validresponse = (anyresponse)
    / position = (40%,50%)
</textbox>
<textbox test4>
    / caption = "chair"
    / correctresponse = ("top")
    / validresponse = (anyresponse)
    / position = (40%,50%)
```

```
</textbox>
<textbox test5>
    / caption = "flower"
    / correctresponse = ("son")
    / validresponse = (anyresponse)
    / position = (40%, 50%)
</textbox>
<textbox test6>
    / caption = "number"
    / correctresponse = ("act")
    / validresponse = (anyresponse)
    / position = (40%, 50%)
</textbox>
<textbox test7>
    / caption = "pencil"
    / correctresponse = ("ice")
    / validresponse = (anyresponse)
    / position = (40%, 50%)
</textbox>
<textbox test8>
    / caption = "shirt"
    / correctresponse = ("war")
    / validresponse = (anyresponse)
    / position = (40%, 50%)
</textbox>
<textbox test9>
    / caption = "father"
    / correctresponse = ("cup")
    / validresponse = (anyresponse)
    / position = (40%, 50%)
</textbox>
<textbox test10>
    / caption = "cough"
    / correctresponse = ("bay")
    / validresponse = (anyresponse)
    / position = (40%, 50%)
</textbox>
```

....

定义试次

....

⟨surveypage answer⟩ //定义调查页面，与试次对象级别相同
　　/ showquestionnumbers = false //不显示题项号
　　/ finishlabel = "进入下一试次" //设置按钮标签
　　/ questions = [1 = noreplace(test1,test2,test3,test4,test5,test6,test7,test8,test9,
　　　　test10)] //随机选择测试文本对象
⟨/surveypage⟩
⟨trial study⟩ //定义测试试次对象
　　/ stimulusframes = [1 = firststim,secondstim] //配对呈现前置词和后置词
　　/ timeout = 1000 //呈现时间为1000毫秒
⟨/trial⟩

....

定义区组

....

⟨block study⟩ //定义学习区组对象
　　/ trials = [1—10 = study] //10 对单词
　　/ recorddata = false //不记录学习阶段的实验数据
　　/ skip = [block.test.correctcount>9] //如果在测试阶段中全部正确，则终止学习
⟨/block⟩
⟨block test⟩ //定义测试区组对象
　　/ trials = [1—10 = answer] //进行非重复的10次测试
　　/ skip = [block.test.correctcount>9] //如果测试阶段中全部回答正确，则终止
　　/ postinstructions = (summary) //每次测试完毕显示相应的汇总信息
⟨/block⟩

....

定义实验

....

⟨expt⟩ //实验对象
　　/ preinstructions = (instruction) //实验前指导语
　　/ blocks = [1—20 = study,test] //循环进行学习—测试，直至被试回答完全正确
　　/ postinstructions = (thanks) //实验结束后的指导语
⟨/expt⟩
⟨page instruction⟩ //指导语页面
　　（1）在屏幕中央会呈现单词对，每个单词对呈现时间为一秒钟，请你尽可能记住组成一对的单词。
　　（2）当单词对呈现完毕后，接着会出现每对单词中的前一个，请你在文本框中输入与之配

对的单词,然后用鼠标单击按钮继续(注意:"Tab"键可切换输入焦点)。
</page>
〈page thanks〉
    实验结束,你已经完全掌握了单词对应关系,你是采用什么方法来帮助你记忆的?
</page>
〈page summary〉//汇总页面
    当前 Block 的正确率为〈%block.test.percentcorrect%〉%
~   当前 Block 的平均反应时为〈%block.test.meanlatency%〉
</page>
〈instruct〉//指导语页面参数设置
    /windowsize = (90%,80%)//指导语显示区域
</instruct〉
〈defaults〉//默认参数设置
    /txbgcolor = black //文本背景色为黑色
    /txcolor = white //文本为白色
    /fontstyle = ("Arial",5%) //设置字体式样
    /screencolor = black //屏幕颜色为黑色
</defaults〉

2.21　鼠标反应(找茬)程序示例

本示例程序通过大家熟知的"找茬"游戏演示如何使用鼠标作为反应方式。实验中,在屏幕左右两侧呈现两幅图片,其中有且只有一处不同,让被试快速找出不同区域并用鼠标单击,程序 exp23.exp 代码如下:

```
************
找茬
************
----------------------------------
定义图片刺激对象
----------------------------------
〈picture leftpic1〉//定义显示在左侧的图片对象
    /items = ("c1.jpg") //指定图片文件
    /hposition = 45 //指定其位置
    /halign = right //右对齐方式
</picture〉
〈picture rightpic1〉//定义显示在右侧的图片对象
    /items = ("c1'.jpg") //指定图片文件
```

```
    / hposition = 55  //指定其位置
    / halign = left  //左对齐方式(这样使得左右图片的间隔相同)
</picture>
<picture answer1>  //定义胜任答案的不同之处的图片对象
    / items = ("c1a.jpg")  //指定图片文件
    / position = (71.5,39)  //显示位置
</picture>
<picture leftpic2>
    / items = ("c2'.jpg")
    / hposition = 45
    / halign = right
</picture>
<picture rightpic2>
    / items = ("c2.jpg")
    / hposition = 55
    / halign = left
</picture>
<picture answer2>
    / items = ("c2a.jpg")
    / position = (20.7,41.2)
</picture>

<picture leftpic3>
    / items = ("c3.jpg")
    / hposition = 45
    / halign = right
</picture>
<picture rightpic3>
    / items = ("c3'.jpg")
    / hposition = 55
    / halign = left
</picture>
<picture answer3>
    / items = ("c3a.jpg")
    / position = (80.7,54.6)
</picture>

<picture leftpic4>
```

```
        / items = ("c4'.jpg")
        / hposition = 45
        / halign = right
</picture>
<picture rightpic4>
        / items = ("c4.jpg")
        / hposition = 55
        / halign = left
</picture>
<picture answer4>
        / items = ("c4a.jpg")
        / position = (33.8,43.6)
</picture>

<picture leftpic5>
        / items = ("c5'.jpg")
        / hposition = 45
        / halign = right
</picture>
<picture rightpic5>
        / items = ("c5.jpg")
        / hposition = 55
        / halign = left
</picture>
<picture answer5>
        / items = ("c5a.jpg")
        / position = (31.2,43.3)
</picture>
```

....

定义试次对象

....

```
<trial picture1>   //定义显示图片的试次对象
        / stimulusframes = [1 = answer1,leftpic1,rightpic1]   //在屏幕上同时呈现三个图片
        / correctresponse = (answer1)   //正确的反应项目是由 answer1 指定的图片对象
</trial>
<trial picture2>
        / stimulusframes = [1 = answer2,leftpic2,rightpic2]
        / correctresponse = (answer2)
```

```
</trial>
<trial picture3>
    / stimulusframes = [1 = answer3,leftpic3,rightpic3]
    / correctresponse = (answer3)
</trial>
<trial picture4>
    / stimulusframes = [1 = answer4,leftpic4,rightpic4]
    / correctresponse = (answer4)
</trial>
<trial picture5>
    / stimulusframes = [1 = answer5,leftpic5,rightpic5]
    / correctresponse = (answer5)
</trial>
```

定义区组对象(Block Element)

```
<block pictures> //定义实验区组(block 对象)
    / trials = [1—5 = noreplace(picture1,picture2,picture3,picture4,picture5)]
</block>
```

定义实验对象

```
<expt> //实验对象
    / preinstructions = (intro) //实验前的指导语
    / blocks = [1 = pictures] //指定实验区组
    / postinstructions = (result) //实验后显示汇总信息
</expt>
<page intro> //指导语页面
    "在屏幕左右两侧会呈现两幅几乎完全相同的图片,请你找出不同的地方,然后快速用鼠标单击不同的区域(注意是单击多处的不同的对象区域),越快越好! 当你找对之后,则自动进入下一对图片。"
</page>
<page result> //汇总页面
    "你总共用了<%block.pictures.sumlatency/1000%>秒;你的平均反应时为:<%block.pictures.meanlatency/1000%>秒。~r~r恭喜你,你不愧是"找茬"高手!"
</page>
<defaults> //默认参数设置
    / inputdevice = mouse //指定输入设备为鼠标
</defaults>
```

2.22 鼠标操作(威斯康星卡片分类测验)程序示例

威斯康星卡片分类测验(Wisconsin Card Sorting Test，WCST)是一种神经心理测验方法，其主要功能是区分是否有脑损伤以及是额叶还是非额叶的损伤。测验项目由4种模板(分别为1个红三角形，2个绿五角形，3个黄十字形和4个蓝圆形)和128张根据不同的形状(三角形、五角形、十字形和圆形)、不同颜色(红、黄、绿和蓝)以及不同数量(1、2、3和4)构成的卡片组成。要求被试根据四种模板对总共128张卡片进行分类，测试时不告诉被试卡片的分类的原则，只说出每一次测试的分类结果是正确还是错误。开始后如被试按颜色进行分类，告诉被试是否正确，连续正确10次后，在不作任何暗示下将分类原则改为形状，同样地根据形状分类连续正确10次后，分类原则改为数量，根据数量分类连续正确10次后，分类原则又改为颜色，然后依次又是形状、数量。被试完成6次分类或将128张卡片分类完毕，整个测试结束。WCST的神经心理过程包括注意过程、工作记忆、信息提取、分类维持、分类转换、刺激再识和加工、感觉输入和运动输出等。共有13个测量指标，常用的分析指标为前8个：

(1) 完成分类数(Cc)：测查结束后所完成的归类数，其值范围为(0—6)。

(2) 错误应答数(Re)：测查过程中，提示错误的应答数目，即不符合要求应对原则的所有应答。

(3) 持续性错误数(Rpe)：既是持续性又是错误的应答。

(4) 持续性错误百分数(Rpe%)：持续性错误占总应答数的百分比。

(5) 持续性应答(Rp)：应用"持续性原则"进行匹配的应答数。

(6) 非持续性应答(nRpe)：总错误中减去持续性错误。

(7) 完成第一个分类所需应答(R1st)：完成第一个颜色分类所需要的应答数。

(8) 概念化水平(Cl)：整个测查过程中，连续完成3—10个正确应答的总数，占总应答数的百分比。

(9) 完成测查的总应答数(Ra)：表示被试实际完成6个分类所用的应答数。

(10) 不能维持完整分类数(Fm)：整个测查过程中，连续完成5—9个正确应答的次数。

(11) 学习到学会(L—C)：只有完成3个或3个以上的分类才能计算，即相邻2个分类阶段错误应答百分数差值的平均数。

(12) 正确应答数(Rc)：测查过程中，提示正确的应答数目，即符合所要求应对原则的所有应答。

(13) 正确应答百分数(Rc%)：即正确应答数所占总应答数的百分比。

程序 exp24.exp 代码如下：

```
*** 默认参数设置 *****

<monkey> //设置 monkey 对象参数
    / percentcorrect = 90 //在随机反应中,正确率为 90%
</monkey>

<defaults> //默认参数设置
    / screencolor = (255,255,255) //默认屏幕背景为白色
    / font = ("Arial", -24,700,0,34) //默认字体为 Arial 字体,大小为 24 磅,加粗显示,ANSI
                字符集
    / txbgcolor = (255,255,255) //默认文本背景颜色为白色
    / txcolor = (0,0,0) //默认文本颜色为黑色
    / inputdevice = keyboard //默认输入设备为键盘
    / position = (50,30) //默认显示位置(水平居中,垂直方向靠近屏幕顶端)
</defaults>

<data> //设置数据保存内容及格式
    / columns = [date time subject blockcode blocknum trialcode trialnum latency response
                correct stimulusitem] //数据保存列内容
    / format = tab //以制表符分隔列
    / header = true //加入文件头
</data>

*** 文本对象及刺激材料 *****

<text wrong> //定义错误反馈文本对象
    / items = wrong //引用条目集 wrong
    / color = (255,0,0) //文本颜色为红色
    / fontstyle = ("宋体", 36pt, true, false, false, false, 5, 0) //定义字体式样
    / position = (50,40) //指定文本呈现位置
</text>

<item wrong> //定义条目库
    /1 = "错误"
</item>

<text right> //定义正确反馈文本对象
```

```
    / items = right
    / color = (0, 255, 64)
    / fontstyle = ("Garamond", 36pt, true, false, false, false, 5, 0)
    / position = (50,40)
</text>

<item right> //定义条目集
    /1 = "正确"
</item>

****************** 呈现的刺激 ******************
下面的 14 个图片对象是作为要求被试根据一定规则进行归类的对象。
<picture blue_circle4> //定义图片对象
    / items = ("BlueCircle4.jpg") //指定图片文件名(为 4 个蓝色实心圆)
</picture>

<picture blue_triangle2> //定义图片对象
    / items = ("BlueTriangle2.jpg") //指定图片文件(为 2 个蓝色的三角形)
</picture>

<picture blue_triangle4>
    / items = ("BlueTriangle4.jpg") //内容为 4 个蓝色三角形图片
</picture>

<picture green_cross4>
    / items = ("GreenCross4.jpg") //内容为 4 个绿色十字的图片
</picture>

<picture green_star2>
    / items = ("GreenStar2.jpg") //内容为 2 个绿色五角形的图片
</picture>

<picture green_star4>
    / items = ("GreenStar4.jpg")
</picture>

<picture green_triangle1>
    / items = ("GreenTriangle1.jpg")
```

</picture>

<picture red_circle1>
　　　/ items = ("RedCircle1.jpg")
</picture>

<picture red_circle3>
　　　/ items = ("RedCircle3.jpg")
</picture>

<picture red_cross4>
　　　/ items = ("RedCross4.jpg")
</picture>

<picture red_triangle1>
　　　/ items = ("RedTriangle1.jpg")
</picture>

<picture yellow_circle2>
　　　/ items = ("YellowCircle2.jpg")
</picture>

<picture yellow_cross1>
　　　/ items = ("YellowCross1.jpg")
</picture>

<picture yellow_cross3>
　　　/ items = ("YellowCross3.jpg")
</picture>

**************** 用于反应设置的刺激 ****************

下面的 4 个图片对象是作为鼠标选取的可操作的对象使用，依次显示不同颜色、不同形状和不同数量的图片。

<picture RedTriangle1> //定义名为 RedTriangle1 的图片对象
　　　/ items = ("RedTriangle1.jpg") //指定图片文件（为 1 个红色的三角形）
　　　/ position = (20,65) //指定在屏幕上的显示位置
</picture>

```
<picture GreenStar2>
    / items = ("GreenStar2.jpg")
    / position = (40,65)
</picture>

<picture YellowCross3>
    / items = ("YellowCross3.jpg")
    / position = (60,65)
</picture>

<picture BlueCircle4>
    / items = ("BlueCircle4.jpg")
    / position = (80,65)
</picture>
```

*** 指导语页面 *****

```
<instruct> //指导语页面参数设置
    / nextkey = (" ") //进入下一页面的控制键为空格键
    / lastlabel = "按空格键继续" //将转至上一页面的标签设置为"按空格键继续"
    / nextlabel = "按空格键继续"
    / fontstyle = ("Garamond", 16pt, false, false, false, false, 5, 0) //字体式样
    / screencolor = (255,255,255) //指导语窗口的背景颜色
    / txcolor = (0,0,0) //指导语窗口中文本颜色
    / wait = 500 //至少需要等待500毫秒,被试按控制键才有作用
    / windowsize = (70%, 60%) //指导语窗口的大小
</instruct>

<page welcome> //页面定义
~~
    你将要完成一个卡片分类任务
~~
    卡片会呈现在计算机的屏幕上。
~~
    利用鼠标进行反应。
</page>
```

<page page1> //页面定义
    你的任务是将上面的一张卡片归入其下面的四类卡片中。
    ~
    如果你将卡片归类正确,则屏幕上会显示"正确"两个字;否则会显示"错误"两个字。
    ~
    请尽可能多地将卡片归入正确的类别内。
</page>

<page end> //页面定义
    你已经成功地完成卡片分类任务。
    ~
    谢谢您的参与。
</page>

            *** 试次对象 *****

下面的 30 个 trial 对象格式一样,以对其一加了注释。
<trial color_GreenTriangle1> //定义根据颜色属性来归类的试次对象
    / inputdevice = mouse //输入设置指定为鼠标
    / correctmessage = true(right,400) //显示正确反馈信息,信息呈现时间为 400 毫秒
    / errormessage = true(wrong,400) //显示错误反馈信息,信息呈现时间为 400 毫秒
    / correctresponse = (GreenStar2) //设置正确反应项(即哪一个为正确答案,当被试用鼠标
                单击 GreenStar2 图片对象时视为正确反应)
    / validresponse = (RedTriangle1, GreenStar2, YellowCross3, BlueCircle4) //有效反应项
                (相当于选择题的备选项,可接收被试鼠标输入的对象)
    / stimulusframes = [1 = green_triangle1, RedTriangle1, GreenStar2, YellowCross3,
                BlueCircle4] //设置屏幕上呈现的刺激材料,同时呈现 1 个归类目标
                和 4 个类别图片
</trial>

<trial form_GreenTriangle1>
    / inputdevice = mouse
    / correctmessage = true(right,400)
    / errormessage = true(wrong,400)
    / correctresponse = (RedTriangle1)
    / validresponse = (RedTriangle1, GreenStar2, YellowCross3, BlueCircle4)
    / stimulusframes = [1 = green_triangle1, RedTriangle1, GreenStar2, YellowCross3, BlueCircle4]

</trial>

<trial number_GreenTriangle1>
    / inputdevice = mouse
    / correctmessage = true(right,400)
    / errormessage = true(wrong,400)
    / correctresponse = (RedTriangle1)
    / validresponse = (RedTriangle1, GreenStar2, YellowCross3, BlueCircle4)
    / stimulusframes = [1 = green_triangle1, RedTriangle1, GreenStar2, YellowCross3, BlueCircle4]
</trial>

<trial color_RedCross4>
    / inputdevice = mouse
    / correctmessage = true(right,400)
    / errormessage = true(wrong,400)
    / correctresponse = (RedTriangle1)
    / validresponse = (RedTriangle1, GreenStar2, YellowCross3, BlueCircle4)
    / stimulusframes = [1 = red_cross4, RedTriangle1, GreenStar2, YellowCross3, BlueCircle4]
</trial>

<trial form_RedCross4>
    / inputdevice = mouse
    / correctmessage = true(right,400)
    / errormessage = true(wrong,400)
    / correctresponse = (YellowCross3)
    / validresponse = (RedTriangle1, GreenStar2, YellowCross3, BlueCircle4)
    / stimulusframes = [1 = red_cross4, RedTriangle1, GreenStar2, YellowCross3, BlueCircle4]
</trial>

<trial number_RedCross4>
    / inputdevice = mouse
    / correctmessage = true(right,400)
    / errormessage = true(wrong,400)
    / correctresponse = (BlueCircle4)
    / validresponse = (RedTriangle1, GreenStar2, YellowCross3, BlueCircle4)
    / stimulusframes = [1 = red_cross4, RedTriangle1, GreenStar2, YellowCross3, BlueCircle4]
</trial>

```
<trial color_BlueTriangle2>
    / inputdevice = mouse
    / correctmessage = true(right,400)
    / errormessage = true(wrong,400)
    / correctresponse = (BlueCircle4)
    / validresponse = (RedTriangle1, GreenStar2, YellowCross3, BlueCircle4)
    / stimulusframes = [1 = blue_triangle2, RedTriangle1, GreenStar2, YellowCross3, BlueCircle4]
</trial>

<trial form_BlueTriangle2>
    / inputdevice = mouse
    / correctmessage = true(right,400)
    / errormessage = true(wrong,400)
    / correctresponse = (RedTriangle1)
    / validresponse = (RedTriangle1, GreenStar2, YellowCross3, BlueCircle4)
    / stimulusframes = [1 = blue_triangle2, RedTriangle1, GreenStar2, YellowCross3, BlueCircle4]
</trial>

<trial number_BlueTriangle2>
    / inputdevice = mouse
    / correctmessage = true(right,400)
    / errormessage = true(wrong,400)
    / correctresponse = (GreenStar2)
    / validresponse = (RedTriangle1, GreenStar2, YellowCross3, BlueCircle4)
    / stimulusframes = [1 = blue_triangle2, RedTriangle1, GreenStar2, YellowCross3, BlueCircle4]
</trial>

<trial color_RedCircle1>
    / inputdevice = mouse
    / correctmessage = true(right,400)
    / errormessage = true(wrong,400)
    / correctresponse = (RedTriangle1)
    / validresponse = (RedTriangle1, GreenStar2, YellowCross3, BlueCircle4)
    / stimulusframes = [1 = red_circle1, RedTriangle1, GreenStar2, YellowCross3, BlueCircle4]
</trial>

<trial form_RedCircle1>
    / inputdevice = mouse
```

```
        / correctmessage = true(right,400)
        / errormessage = true(wrong,400)
        / correctresponse = (BlueCircle4)
        / validresponse = (RedTriangle1, GreenStar2, YellowCross3, BlueCircle4)
        / stimulusframes = [1 = red_circle1, RedTriangle1, GreenStar2, YellowCross3, BlueCircle4]
</trial>

<trial number_RedCircle1>
        / inputdevice = mouse
        / correctmessage = true(right,400)
        / errormessage = true(wrong,400)
        / correctresponse = (RedTriangle1)
        / validresponse = (RedTriangle1, GreenStar2, YellowCross3, BlueCircle4)
        / stimulusframes = [1 = red_circle1, RedTriangle1, GreenStar2, YellowCross3, BlueCircle4]
</trial>

<trial color_GreenStar4>
        / inputdevice = mouse
        / correctmessage = true(right,400)
        / errormessage = true(wrong,400)
        / correctresponse = (GreenStar2)
        / validresponse = (RedTriangle1, GreenStar2, YellowCross3, BlueCircle4)
        / stimulusframes = [1 = green_star4, RedTriangle1, GreenStar2, YellowCross3, BlueCircle4]
</trial>

<trial form_GreenStar4>
        / inputdevice = mouse
        / correctmessage = true(right,400)
        / errormessage = true(wrong,400)
        / correctresponse = (GreenStar2)
        / validresponse = (RedTriangle1, GreenStar2, YellowCross3, BlueCircle4)
        / stimulusframes = [1 = green_star4, RedTriangle1, GreenStar2, YellowCross3, BlueCircle4]
</trial>

<trial number_GreenStar4>
        / inputdevice = mouse
        / correctmessage = true(right,400)
        / errormessage = true(wrong,400)
```

    / correctresponse = (BlueCircle4)
    / validresponse = (RedTriangle1, GreenStar2, YellowCross3, BlueCircle4)
    / stimulusframes = [1 = green_star4, RedTriangle1, GreenStar2, YellowCross3, BlueCircle4]
</trial>

<trial color_YellowCross1>
    / inputdevice = mouse
    / correctmessage = true(right,400)
    / errormessage = true(wrong,400)
    / correctresponse = (YellowCross3)
    / validresponse = (RedTriangle1, GreenStar2, YellowCross3, BlueCircle4)
    / stimulusframes = [1 = yellow_cross1, RedTriangle1, GreenStar2, YellowCross3, BlueCircle4]
</trial>

<trial form_YellowCross1>
    / inputdevice = mouse
    / correctmessage = true(right,400)
    / errormessage = true(wrong,400)
    / correctresponse = (YellowCross3)
    / validresponse = (RedTriangle1, GreenStar2, YellowCross3, BlueCircle4)
    / stimulusframes = [1 = yellow_cross1, RedTriangle1, GreenStar2, YellowCross3, BlueCircle4]
</trial>

<trial number_YellowCross1>
    / inputdevice = mouse
    / correctmessage = true(right,400)
    / errormessage = true(wrong,400)
    / correctresponse = (RedTriangle1)
    / validresponse = (RedTriangle1, GreenStar2, YellowCross3, BlueCircle4)
    / stimulusframes = [1 = yellow_cross1, RedTriangle1, GreenStar2, YellowCross3, BlueCircle4]
</trial>

<trial color_BlueTriangle4>
    / inputdevice = mouse
    / correctmessage = true(right,400)
    / errormessage = true(wrong,400)
    / correctresponse = (BlueCircle4)
    / validresponse = (RedTriangle1, GreenStar2, YellowCross3, BlueCircle4)

```
        / stimulusframes = [1 = blue_triangle4, RedTriangle1, GreenStar2, YellowCross3, BlueCircle4]
</trial>

<trial form_BlueTriangle4>
        / inputdevice = mouse
        / correctmessage = true(right,400)
        / errormessage = true(wrong,400)
        / correctresponse = (RedTriangle1)
        / validresponse = (RedTriangle1, GreenStar2, YellowCross3, BlueCircle4)
        / stimulusframes = [1 = blue_triangle4, RedTriangle1, GreenStar2, YellowCross3, BlueCircle4]
</trial>

<trial number_BlueTriangle4>
        / inputdevice = mouse
        / correctmessage = true(right,400)
        / errormessage = true(wrong,400)
        / correctresponse = (BlueCircle4)
        / validresponse = (RedTriangle1, GreenStar2, YellowCross3, BlueCircle4)
        / stimulusframes = [1 = blue_triangle4, RedTriangle1, GreenStar2, YellowCross3, BlueCircle4]
</trial>

<trial color_RedCircle3>
        / inputdevice = mouse
        / correctmessage = true(right,400)
        / errormessage = true(wrong,400)
        / correctresponse = (RedTriangle1)
        / validresponse = (RedTriangle1, GreenStar2, YellowCross3, BlueCircle4)
        / stimulusframes = [1 = red_circle3, RedTriangle1, GreenStar2, YellowCross3, BlueCircle4]
</trial>

<trial form_RedCircle3>
        / inputdevice = mouse
        / correctmessage = true(right,400)
        / errormessage = true(wrong,400)
        / correctresponse = (BlueCircle4)
        / validresponse = (RedTriangle1, GreenStar2, YellowCross3, BlueCircle4)
        / stimulusframes = [1 = red_circle3, RedTriangle1, GreenStar2, YellowCross3, BlueCircle4]
</trial>
```

```
<trial number_RedCircle3>
    / inputdevice = mouse
    / correctmessage = true(right,400)
    / errormessage = true(wrong,400)
    / correctresponse = (YellowCross3)
    / validresponse = (RedTriangle1, GreenStar2, YellowCross3, BlueCircle4)
    / stimulusframes = [1 = red_circle3, RedTriangle1, GreenStar2, YellowCross3, BlueCircle4]
</trial>

<trial color_GreenCross4>
    / inputdevice = mouse
    / correctmessage = true(right,400)
    / errormessage = true(wrong,400)
    / correctresponse = (GreenStar2)
    / validresponse = (RedTriangle1, GreenStar2, YellowCross3, BlueCircle4)
    / stimulusframes = [1 = green_cross4, RedTriangle1, GreenStar2, YellowCross3, BlueCircle4]
</trial>

<trial form_GreenCross4>
    / inputdevice = mouse
    / correctmessage = true(right,400)
    / errormessage = true(wrong,400)
    / correctresponse = (YellowCross3)
    / validresponse = (RedTriangle1, GreenStar2, YellowCross3, BlueCircle4)
    / stimulusframes = [1 = green_cross4, RedTriangle1, GreenStar2, YellowCross3, BlueCircle4]
</trial>

<trial number_GreenCross4>
    / inputdevice = mouse
    / correctmessage = true(right,400)
    / errormessage = true(wrong,400)
    / correctresponse = (BlueCircle4)
    / validresponse = (RedTriangle1, GreenStar2, YellowCross3, BlueCircle4)
    / stimulusframes = [1 = green_cross4, RedTriangle1, GreenStar2, YellowCross3, BlueCircle4]
</trial>

<trial color_YellowCircle2>
    / inputdevice = mouse
```

```
    / correctmessage = true(right,400)
    / errormessage = true(wrong,400)
    / correctresponse = (YellowCross3)
    / validresponse = (RedTriangle1, GreenStar2, YellowCross3, BlueCircle4)
    / stimulusframes = [1 = yellow_circle2, RedTriangle1, GreenStar2, YellowCross3, BlueCircle4]
</trial>

<trial form_YellowCircle2>
    / inputdevice = mouse
    / correctmessage = true(right,400)
    / errormessage = true(wrong,400)
    / correctresponse = (BlueCircle4)
    / stimulusframes = [1 = yellow_circle2, RedTriangle1, GreenStar2, YellowCross3, BlueCircle4]
</trial>

<trial number_YellowCircle2>
    / inputdevice = mouse
    / correctmessage = true(right,400)
    / errormessage = true(wrong,400)
    / correctresponse = (GreenStar2)
    / validresponse = (RedTriangle1, GreenStar2, YellowCross3, BlueCircle4)
    / stimulusframes = [1 = yellow_circle2, RedTriangle1, GreenStar2, YellowCross3, BlueCircle4]
</trial>
```

*** 区组对象 *****

```
<block color>  //根据颜色属性进行归类的区组
    / onblockbegin = [values.colorblockcount = values.colorblockcount + 1] //block 开始前,
                将自变量 colorblockcount 值加 1,作为计数变量
    / trials = [1—10 = sequence(color_GreenTriangle1, color_RedCross4, color_BlueTriangle2, color_RedCircle1, color_GreenStar4, color_YellowCross1, color_BlueTriangle4, color_RedCircle3, color_GreenCross4, color_YellowCircle2)] //顺序显示 10 次颜色归类试次
    / skip = [values.colorblockcount > values.cstotalblocks] //如果该 block 已执行 2 次,则跳过此 block(参见 cstotalblocks 的变量值)
    / stop = [expressions.toomanytrials] //停止运行此 block 的条件(使用了条件表达式)
```

/ stop = [block.color.correctstreak > 0 && mod(block.color.correctstreak, values.cor-
　　　　　rectstreakthreshold) = = 0] //如果被试连续正确归类 4 次,则停止执行此 block
　　　/ branch = [if (values.colorblockcount > values.cstotalblocks) block.end] //如果该 block
　　　　　已经执行 2 次,则接下来运行名为 end 的 block
　　　/ branch = [if (expressions.toomanytrials) block.end] //如果满足条件表达式,则运行名为
　　　　　end 的 block
　　　/ branch = [if (block.color.correctstreak > 0 && mod(block.color.correctstreak, values.
　　　　　correctstreakthreshold) = = 0) block.form] //如果被试连续正确归类 4 次,则转
　　　　　入名为 form 的 block(即根据形状归类)
</block>

<block form> //根据形状属性进行归类的区组
　　　/ onblockbegin = [values.formblockcount = values.formblockcount + 1]
　　　/ trials = [1—10 = sequence(form_GreenTriangle1, form_RedCross4, form_BlueTriangle2,
　　　　　form_RedCircle1, form_GreenStar4, form_YellowCross1, form_BlueTriangle4,
　　　　　form_RedCircle3, form_GreenCross4, form_YellowCircle2)]
　　　/ skip = [values.formblockcount > = values.cstotalblocks]
　　　/ stop = [expressions.toomanytrials]
　　　/ stop = [block.form.correctstreak > 0 && mod(block.form.correctstreak, values.correct-
　　　　　streakthreshold) = = 0]
　　　/ branch = [if (values.formblockcount > values.cstotalblocks) block.end]
　　　/ branch = [if (expressions.toomanytrials) block.end]
　　　/ branch = [if (block.form.correctstreak > 0 && mod(block.form.correctstreak, values.
　　　　　correctstreakthreshold) = = 0) block.number] //如果被试连续正确归类 4 次,则
　　　　　转入名为 number 的 block(即根据数量进行归类)
</block>

<block number> //根据数量属性进行归类的区组
　　　/ onblockbegin = [values.numberblockcount = values.numberblockcount + 1]
　　　/ trials = [1—10 = sequence(number_GreenTriangle1, number_RedCross4, number_BlueTriangle2,
　　　　　number_RedCircle1, number_GreenStar4, number_YellowCross1, number_BlueTriangle4,
　　　　　number_RedCircle3, number_GreenCross4, number_YellowCircle2)]
　　　/ skip = [values.numberblockcount > = values.cstotalblocks]
　　　/ stop = [expressions.toomanytrials]
　　　/ stop = [block.number.correctstreak > 0 && mod(block.number.correctstreak, values.cor-
　　　　　rectstreakthreshold) = = 0]
　　　/ branch = [if (values.numberblockcount > values.cstotalblocks) block.end]
　　　/ branch = [if (expressions.toomanytrials) block.end]

```
    / branch = [if (block.number.correctstreak) 0 && mod(block.number.correctstreak, val-
              ues.correctstreakthreshold) = = 0) block.color] //如果被试连续正确归类4
              次，则又转入名为color的block(即根据颜色进行归类)
</block>

<block end> //定义名为end的区组
    / errormessage = false
    / recorddata = false
</block>
```

*** 实验 *****

```
<values> //自定义变量
    / cstotaltrials = 128 //总共运行的试次次数
    / cstotalblocks = 2 //总共运行的block次数
    / correctstreakthreshold = 4 //连续正确反应的阈值
    / colorblockcount = 0 //当前运行的颜色区组的次数
    / formblockcount = 0 //当前运行的形状区组的次数
    / numberblockcount = 0 //当前运行的数量区组的次数
</values>

<expressions>
    / toomanytrials = block.color.totaltrialcount + block.form.totaltrialcount + block.num-
                    ber.totaltrialcount = = values.cstotaltrials //颜色区组、形状区组和
                    数量区组共运行的试次次数是否等于128次(参见自定义变量值)
    / toomanyblocks = block.color.count = = values.cstotalblocks && block.form.count = = values.
                    cstotalblocks && block.number.count = = values.cstotalblocks //颜色区组、
                    形状区组和数量区组是否均已经运行了2次(参见自定义变量值)
</expressions>

<expt> //实验对象
    / blocks = [1 = color] //指定运行的block对象，因为color区组可以转入form区组，而form
                区组又可以转入number区组，number区组又可以转入color区组，所以此处只指定
                color区组即可
    / preinstructions = (welcome, page1) //实验前指导语
    / postinstructions = (end) //实验后指导语页面
</expt>
```

2.23 列表对象(视觉搜索)应用示例

2.23.1 〈list〉标记符

〈list〉列表用于定义变换实验条件的系列值或随机值,当设置列表对象后,条目的选取方法(随机或顺序选取)可指定为已定义的列表对象。列表对象还可用于定义一组随机数,结合〈item〉标记符和〈values〉标记符可以实现随机位置设定。

〈list listname〉//定义名为 listname 的列表对象
/ itemprobabilities = (value, value, value, ...] or [expression; expression; expression; ...] or distribution //设置列表对象各条目的呈现概率,其和为1
/ items = (item item item item item item ...) or [expression; expression; expression;...] //条目
/ maxrunsize = integer expression //同一条目最大重复次数
/ not = [expression; expression; expression] //被选中的值不能等于由 expression 指定的值
/ poolsize = integer expression //指定选择池的大小
/ replace = boolean //指定是否进行重复性随机
/ resetinterval = integer //指定选择池重置前运行的区组数
/ selectionmode = selectionmode or expression //选择模式,可以设置为随机(random)顺序(sequence)或者取值为整数的表达式
/ selectionrate = rate //设置什么时间从选择池中选择新条目,可以取值为 always、trial、block 或 experiment。例如,如果设置为 block,则表示整个 block 都使用相同值
〈/list〉

2.23.2 视觉搜索

视觉搜索就是在众多的视觉刺激中搜索某个或某些具有特定特征的目标。要搜索的目标称为目标刺激或靶刺激,非目标刺激则称为干扰刺激或分心物。如果目标可以由单一的特征所确定,那么在分心物中搜索这个目标所需的时间比较短,而且与分心物的个数无关。如果雨情分心物共享某些特征,以致它无法通过仅仅考虑单一维度的特征与分心刺激区分开时,判断视觉刺激中是否存在目标所需的时间会随分心物数量而增长。前者称为平行搜索,后者称为联合搜索。

本示例利用首先在屏幕上确定 16 个位置,然后刺激对象(Os 和 Q)随机呈现在其中的某些位置上,并且利用 rand 函数加入扰动处理来增强随机化效果,被试的任务是判断有没有目标字母"Q",如果有目标字母"Q",则按"F"键,如果没有目标字母"Q",则按"J"键。

视觉搜索程序 visualsearch.iqx 的代码如下:

Visual Search Experiment
指导语
<text instructions>
/ items = ("本实验为视觉搜索实验,要求你快速判断屏幕上有没有目标字母Q再现,如果有,则按F键,如果没有,则按J键。在判断时要求你既快又准!")
/ hjustify = left
/ size = (70%, 60%)
/ position = (50%, 85%)
/ valign = bottom
/ select = instructions
/ fontstyle = ("宋体", 3.5%)
</text>
<text spacebar>
/ items = ("如果您清楚上面的含义,请按空格开始实验,否则可让实验员帮忙")
/ position = (50%, 95%)
/ valign = bottom
/ fontstyle = ("宋体", 3.5%)
</text>

<trial instructions>
/ stimulustimes = [1 = instructions, spacebar]
/ correctresponse = (" ")
/ errormessage = false
/ recorddata = false
</trial>

**生成五条水平线
<shape h1>
/ size = (40%, 1)
/ vposition = 30%
</shape>
<shape h2>
/size = (40%, 1)
/vposition = 40%
</shape>
<shape h3>
/size = (40%, 1)
/vposition = 50%
</shape>
<shape h4>
/size = (40%, 1)
/vposition = 60%

</shape>
<shape h5>
/size = (40%,1)
/vposition = 70%
</shape>
**生成五条垂直线
<shape v1>
/size = (1,40%)
/hposition = 30%
</shape>
<shape v2>
/size = (1,40%)
/hposition = 40%
</shape>
<shape v3>
/size = (1,40%)
/hposition = 50%
</shape>
<shape v4>
/size = (1,40%)
/hposition = 60%
</shape>
<shape v5>
/size = (1,40%)
/hposition = 70%
</shape>
定义字母对象的坐标变量
<values>
/x1 = 0
/y1 = 0
/x2 = 0
/y2 = 0
/x3 = 0
/y3 = 0
/x4 = 0
/y4 = 0
/x5 = 0
/y5 = 0

/x6 = 0
/y6 = 0
</values>
定义目标字母的坐标位置共 16 个位置
<item i1>
/1 = "35"
/2 = "45"
/3 = "55"
/4 = "65"
/5 = "35"
/6 = "45"
/7 = "55"
/8 = "65"
/9 = "35"
/10 = "45"
/11 = "55"
/12 = "65"
/13 = "35"
/14 = "45"
/15 = "55"
/16 = "65"
</item>
<item i2>
/1 = "35"
/2 = "35"
/3 = "35"
/4 = "35"
/5 = "45"
/6 = "45"
/7 = "45"
/8 = "45"
/9 = "55"
/10 = "55"
/11 = "55"
/12 = "55"
/13 = "65"
/14 = "65"
/15 = "65"

/16 = "65"
⟨/item⟩

定义列表对象,其随机选择的序列值供第一个字母使用
⟨list 11⟩
/items = (1 - 16)
⟨/list⟩

定义列表对象,供第二个字母使用,且不再使用列表对象 11 中已经选择值
⟨list 12⟩
/items = (1 - 16)
/not = (list.11.currentvalue)
⟨/list⟩

⟨list 13⟩
/items = (1 - 16)
/not = (list.11.currentvalue)
/not = (list.12.currentvalue)
⟨/list⟩

⟨list 14⟩
/items = (1 - 16)
/not = (list.11.currentvalue)
/not = (list.12.currentvalue)
/not = (list.13.currentvalue)
⟨/list⟩

⟨list 15⟩
/items = (1 - 16)
/not = (list.11.currentvalue)
/not = (list.12.currentvalue)
/not = (list.13.currentvalue)
/not = (list.14.currentvalue)
⟨/list⟩

⟨list 16⟩
/items = (1 - 16)
/not = (list.11.currentvalue)
/not = (list.12.currentvalue)
/not = (list.13.currentvalue)
/not = (list.14.currentvalue)
/not = (list.15.currentvalue)
⟨/list⟩

```
<text t1>
/items = ("O")
/ position = (values.x1,values.y1)
</text>


<text t2>
/items = ("O")
/ position = (values.x2,values.y2)
</text>


<text t3>
/items = ("O")
/ position = (values.x3,values.y3)
</text>

<text t4>
/items = ("O")
/ position = (values.x4,values.y4)
</text>

<text t5>
/items = ("O")
/ position = (values.x5,values.y5)
</text>

<text to6>
/items = ("O")
/position = (values.x6,values.y6)
</text>


<text tq6>
/items = ("Q")
/position = (values.x6,values.y6)
</text>


<text error>
/ position = (50%, 80%)
/ items = ("X")
/ color = (255, 0, 0)
/ fontstyle = ("Arial", 10%, true)
</text>
```

```
<trial tq2>
/stimulusframes = [1 = t1,tq6]
/validresponse = ("f","j")
/ontrialbegin = [values.x1 = getitem(item.i1,list.l1.nextindex) + rand(-1,1)] //使用随机
选择的坐标值更新坐标
/ontrialbegin = [values.y1 = getitem(item.i2,list.l1.nextindex) + rand(-1,1)]
/ontrialbegin = [values.x6 = getitem(item.i1,list.l6.nextindex) + rand(-1,1)]
/ontrialbegin = [values.y6 = getitem(item.i2,list.l6.nextindex) + rand(-1,1)]
/correctresponse = ("f")
/errormessage = true(error,400)
</trial>

<trial to2>
/stimulusframes = [1 = t1,to6]
/validresponse = ("f","j")
/ontrialbegin = [values.x1 = getitem(item.i1,list.l1.nextindex) + rand(-1,1)]
/ontrialbegin = [values.y1 = getitem(item.i2,list.l1.nextindex) + rand(-1,1)]
/ontrialbegin = [values.x6 = getitem(item.i1,list.l6.nextindex) + rand(-1,1)]
/ontrialbegin = [values.y6 = getitem(item.i2,list.l6.nextindex) + rand(-1,1)]
/correctresponse = ("j")
/errormessage = true(error,400)
</trial>

<trial tq4>
/stimulusframes = [1 = t1,t2,t3,tq6]
/validresponse = ("f","j")
/ontrialbegin = [values.x1 = getitem(item.i1,list.l1.nextindex) + rand(-1,1)]
/ontrialbegin = [values.y1 = getitem(item.i2,list.l1.nextindex) + rand(-1,1)]
/ontrialbegin = [values.x2 = getitem(item.i1,list.l2.nextindex) + rand(-1,1)]
/ontrialbegin = [values.y2 = getitem(item.i2,list.l2.nextindex) + rand(-1,1)]
/ontrialbegin = [values.x3 = getitem(item.i1,list.l3.nextindex) + rand(-1,1)]
/ontrialbegin = [values.y3 = getitem(item.i2,list.l3.nextindex) + rand(-1,1)]
/ontrialbegin = [values.x6 = getitem(item.i1,list.l6.nextindex) + rand(-1,1)]
/ontrialbegin = [values.y6 = getitem(item.i2,list.l6.nextindex) + rand(-1,1)]
/correctresponse = ("f")
/errormessage = true(error,400)
</trial>
```

```
<trial to4>
/stimulusframes = [1 = t1,t2,t3,to6]
/validresponse = ("f","j")
/ontrialbegin = [values.x1 = getitem(item.i1,list.l1.nextindex) + rand(-1,1)]
/ontrialbegin = [values.y1 = getitem(item.i2,list.l1.nextindex) + rand(-1,1)]
/ontrialbegin = [values.x2 = getitem(item.i1,list.l2.nextindex) + rand(-1,1)]
/ontrialbegin = [values.y2 = getitem(item.i2,list.l2.nextindex) + rand(-1,1)]
/ontrialbegin = [values.x3 = getitem(item.i1,list.l3.nextindex) + rand(-1,1)]
/ontrialbegin = [values.y3 = getitem(item.i2,list.l3.nextindex) + rand(-1,1)]
/ontrialbegin = [values.x6 = getitem(item.i1,list.l6.nextindex) + rand(-1,1)]
/ontrialbegin = [values.y6 = getitem(item.i2,list.l6.nextindex) + rand(-1,1)]
/correctresponse = ("j")
/errormessage = true(error,400)
</trial>

<trial tq6>
/stimulusframes = [1 = t1,t2,t3,t4,t5,tq6]
/validresponse = ("f","j")
/correctresponse = ("f")
/errormessage = true(error,400)
/ontrialbegin = [values.x1 = getitem(item.i1,list.l1.nextindex) + rand(-1,1)]
/ontrialbegin = [values.y1 = getitem(item.i2,list.l1.nextindex) + rand(-1,1)]
/ontrialbegin = [values.x2 = getitem(item.i1,list.l2.nextindex) + rand(-1,1)]
/ontrialbegin = [values.y2 = getitem(item.i2,list.l2.nextindex) + rand(-1,1)]
/ontrialbegin = [values.x3 = getitem(item.i1,list.l3.nextindex) + rand(-1,1)]
/ontrialbegin = [values.y3 = getitem(item.i2,list.l3.nextindex) + rand(-1,1)]
/ontrialbegin = [values.x4 = getitem(item.i1,list.l4.nextindex) + rand(-1,1)]
/ontrialbegin = [values.y4 = getitem(item.i2,list.l4.nextindex) + rand(-1,1)]
/ontrialbegin = [values.x5 = getitem(item.i1,list.l5.nextindex) + rand(-1,1)]
/ontrialbegin = [values.y5 = getitem(item.i2,list.l5.nextindex) + rand(-1,1)]
/ontrialbegin = [values.x6 = getitem(item.i1,list.l6.nextindex) + rand(-1,1)]
/ontrialbegin = [values.y6 = getitem(item.i2,list.l6.nextindex) + rand(-1,1)]
</trial>
<trial to6>
/stimulusframes = [1 = t1,t2,t3,t4,t5,to6]
/validresponse = ("f","j")
/correctresponse = ("j")
/errormessage = true(error,400)
```

```
/ontrialbegin = [values.x1 = getitem(item.i1,list.l1.nextindex) + rand(-1,1)]
/ontrialbegin = [values.y1 = getitem(item.i2,list.l1.nextindex) + rand(-1,1)]
/ontrialbegin = [values.x2 = getitem(item.i1,list.l2.nextindex) + rand(-1,1)]
/ontrialbegin = [values.y2 = getitem(item.i2,list.l2.nextindex) + rand(-1,1)]
/ontrialbegin = [values.x3 = getitem(item.i1,list.l3.nextindex) + rand(-1,1)]
/ontrialbegin = [values.y3 = getitem(item.i2,list.l3.nextindex) + rand(-1,1)]
/ontrialbegin = [values.x4 = getitem(item.i1,list.l4.nextindex) + rand(-1,1)]
/ontrialbegin = [values.y4 = getitem(item.i2,list.l4.nextindex) + rand(-1,1)]
/ontrialbegin = [values.x5 = getitem(item.i1,list.l5.nextindex) + rand(-1,1)]
/ontrialbegin = [values.y5 = getitem(item.i2,list.l5.nextindex) + rand(-1,1)]
/ontrialbegin = [values.x6 = getitem(item.i1,list.l6.nextindex) + rand(-1,1)]
/ontrialbegin = [values.y6 = getitem(item.i2,list.l6.nextindex) + rand(-1,1)]
</trial>

<block instruction>
/trials = [1 = instructions]
</block>

<block b1>
/ bgstim = (h1,h2,h3,h4,h5,v1,v2,v3,v4,v5)
/trials = [1-60 = noreplace(to2,to4,to6,tq2,tq4,tq6)]
/ blockfeedback = (correct,meanlatency)
</block>
<expt >
/blocks = [1 = instruction;2 = b1]
</expt>
<defaults>
/fontstyle = ("Arial",5%)
</defaults>
<instruct>
/ windowsize = (60%,50%)
/ fontstyle = ("Arial",3%)
</instruct>
```

2.24 时钟示例

2.24.1 〈clock〉标记符

```
<clock clockname>//定义时针对象
```

/ format = clockformat //指定时间格式,h 表示小时,m 表示分钟,s 表示秒
         h:没有前导 0 的 0－23 或 1－12(AM/PM 指定上午或下午)
hh:带有前导 0 的 00－23 或 01－12
         H:没有前导 0 的 0－23,忽略 AM/PM 的设定
         HH:带有前导 0 的 00－23,忽略 AM/PM 的设定
         m:没有前导 0 的 0－59
         mm:带有前导 0 的 00－59
         s:没有前导 0 的 0－59
         ss:带有前导 0 的 00－59
         AP 或 A:使用 AM/PM 格式
         ap 或 a:使用 am/pm 格式
         t:时区
/ mode = clockmode //指定时钟类型,timer 表示倒计时,stopwatch 表示秒表,
         clock 显示当前时间
/ erase = true(red expression, green expression, blue expression) or false //试次结束时
         是否擦除时钟
/ fontstyle = ("face name", height, bold, italic, underline, strikeout, quality, character set) //字体式样
/ halign = alignment //水平对齐方式,center(居中对齐)、left(左对齐)、right(右对齐)
/ height = integer expression //高度
/ hposition = x expression //水平基准点
/ onprepare = [expression; expression; expression; ...] //刺激准备好前所要执行的表达式
/ position = (x expression, y expression) //位置
/ resetrate = rate //重置方式,可以在 trial、block 或 experiment 结束后重置
/ size = (width expression, height expression) //大小尺寸
/ timeout = integer expression //超时时间,时钟类型为 timer 时,必须设置此参数
/ txbgcolor = (red expression, green expression, blue expression) or (transparent) //文本背景
/ txcolor = (red expression, green expression, blue expression) //文本颜色
/ valign = alignment //竖直对齐,top(顶部对齐)、bottom(底部对齐)、center(居中)
/ vposition = y expression //竖直基准点
/ width = integer expression //宽度
</clock>

2.24.2 动画时钟

本示例在屏幕上显示一个动画时钟,每隔一分钟会显示相应的提示信息,如果要退出实验程序,请按"Ctrl＋Q"。

动画时钟 circleclock.iqx 代码如下：
时钟程序
<values>
/x = 0px
/y = 0px
/radius = 150px
/angle = 1
/dotsize = 20
</values>

<clock timer>
/ mode = stopwatch
/ txcolor = yellow
/ txbgcolor = black
/ erase = false
/ format = "hh:mm:ss"
</clock>

<shape hline>
/size = (values.radius * 2,1)
</shape>
<shape vline>
/size = (1,values.radius * 2)
</shape>
<shape c1>
/shape = circle
/size = (values.radius * 2 - values.dotsize - 10,values.radius * 2 - values.dotsize - 10)
</shape>
<shape c2>
/shape = circle
/size = (values.radius * 2 - values.dotsize - 15,values.radius * 2 - values.dotsize - 15)
/ color = white
</shape>
<shape c3>
/shape = circle
/size = (values.radius * 2 + values.dotsize + 15,values.radius * 2 + values.dotsize + 15)
</shape>
<shape c4>
/shape = circle
/color = white
/size = (values.radius * 2 + values.dotsize + 10,values.radius * 2 + values.dotsize + 10)
</shape>

```
<shape s1>
/ size = (values.dotsize,values.dotsize)
/ color = red
/ shape = circle
/ position = (values.x,values.y)
</shape>
<expressions>
/min = floor(round(clock.timer.elapsedtime/1000)/60)
/sec = round(clock.timer.elapsedtime/1000)
</expressions>
<text t1>
/items = ("*")
/position = (50%,55%)
</text>
<trial t>
/stimulustimes = [0 = s1,systembeep]
/ontrialbegin = [values.angle = round(clock.timer.elapsedtime/1000) * 6]
/ontrialbegin = [values.x = 0px + display.width/2 + values.radius * cos(rad(values.angle –
                90))]
/ontrialbegin = [values.y = 0px + display.height/2 + values.radius * sin(rad(values.angle –
                90))]
/ontrialbegin = [text.t1.items.1 = "< % round(clock.timer.elapsedtime/1000/60) %>分钟"]
/ontrialbegin = [shape.s1.colorred = rand(0,255)]
/ontrialbegin = [shape.s1.colorgreen = rand(0,255)]
/ontrialbegin = [shape.s1.colorblue = rand(0,255)]
/timeout = 1000
/branch = [if ((expressions.sec – expressions.min * 60) = = 0) trial.t1 else trial.t]
</trial>

<trial t1>
/stimulusframes = [1 = t1,systembeep]
/timeout = 500
/branch = [trial.t]
</trial>

<block b>
/bgstim = (timer,c3,c4,c1,c2,hline,vline)
/trials = [1 = t]
</block>
```

```
<expt>
/ blocks = [1 = b]
</expt>
```
* *

程序运行如图 2-12 所示。

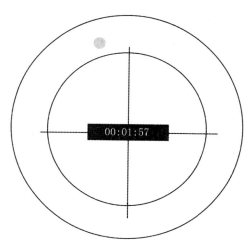

图 2-12 程序运行截图

习　　题

1. 一般而言,心理学实验中的构成元素是什么?
2. 试编写一个两点阈测定的指导语程序。
3. "Ctrl+End"快捷键的作用是什么?
4. 更改 2.5 中程序的相应代码,指定被试的反应键为"Q"和"P"键。
5. 更改 2.5 中程序的相应代码,目的是交换奇数和偶数对应的反应键。
6. 为 2.5 中的程序添加指导语。
7. 收集 2.5 中程序部分被试的实验数据,(1)试分析对奇数和偶数的判断上,被试的反应时有无显著性差异?(2)对大数(≥5)和小数(≤4)反应时有无显著性差异?
8. 收集 2.7 中程序部分被试的实验数据,(1)试分析旋转角度与反应时间的关系。(2)试分析正、反字母间的判别上反应时有无显著差异?(3)计算不同角度条件的平均反应时间,并以平均反应时间为纵坐标,以对应的角度为横坐标,画出曲线图。
9. 思考如何将 2.7 中的程序加上提示,即在出现要求判断正反的字母之前,给出倾斜度的提示信息。试编制加入提示的心理旋转实验程序,并分析提示对反应时的影响。
10. 掌握 2.8 程序中生成 9 个字母矩阵的方法。

11. 根据 2.8 中的程序，你知道如何在屏幕上同时显示多个刺激吗？

12. 在 2.10 程序中 colorwords 条目库中加入第 5 个条目"XXX"的目的是什么？

13. 试收集 2.10 程序的实验数据，并分析对颜色命名的平均反应时在一致和不一致条件下有无显著性差异？是否存在"稀释效应（dilution effect）"？如果要验证"稀释效应"还应该如何修改程序？

14. 将 2.10 程序中颜色词的字体进行更改，字体对 Stroop 效应有影响吗？你是想通过被试内设计还是被试间设计来实现？为什么？

15. 为什么在 2.10 程序中将输入通道指定为 voicerecord，而没有指定 speech 或 voicekey？

16. 试编制播放影片（格式自定）的实验程序，你能够想到的利用视频的实验研究有哪些？

17. 运行 2.11 程序，如果出现下面的对话框说明什么问题？应该如何解决？

18. 试将 2.11 程序中视频材料根据其变化内容进行分类，并分析不同变化内容间的搜索时间有无显著差异？

19. 自行设计一个能够更严格控制图片呈现间隔时间的变化视盲实验，并对比不同时间间隔下对变化刺激的搜索时间间的差异，假设时间间隔为 50 毫秒和 500 毫秒（提示：利用图片对象和形状对象）。

20. 根据 2.13.3 中程序利用〈counter〉的改进方法修改 2.9 中的程序。

21. 还有没有精简 2.13.3 中程序的方法？

22. 改进 2.14 中的程序，通过语音记录被试的反应。

23. 修改 2.14 中的程序，使之成为 20 以内的加减法速算。

24. 修改 2.14 中的程序，运用固定运算量来测试被试的运算速度。

25. 你认为 2.14 中的程序是否存在时间误差？如果存在，时间误差来自于哪方面？如何有效地控制时间误差？

26. 运行 2.15 中的程序，试计算信号检测论指标 d' 和 β 值，并分析被试的决断标准是宽松还是严格？

27. 试对 2.15 中的程序进行修改，目的是查看信号（目标）刺激的呈现概率对 d' 和 β 两个指标的影响。

28. 如何利用〈batch〉标记符来控制不同的被试执行不同的实验顺序？

29. 在 2.16.2 程序中使用〈values〉标记符的作用是什么？

30. 修改 2.16.2 中的程序，加入能够接收被试回答的功能，有几种实现方法？不同方法间的优劣是什么?如果你找不到解决方法,有什么简便的方法可以替代?

31. 完成 2.16.2 程序的实验,整理你的数据并填写下表中的空缺项。

性别:_____ 年龄:_____ 年级:_____ 学科:_____

储存负荷量(项)	3	4	5	6	7	8
12 次提高正确回忆量(项)						
保持百分比(%)						

32. 收集 2.16.2 程序的实验数据,并完成下表。

实验结果的变异性分析

变异来源	离均差平方和	自由度	均方	F	P
总的					
组间					
组内					

33. 请将 2.16.2 程序中相同级别的实验对象进行归类,即将同级别的代码排列在一起。

34. 根据 2.16 中的程序,如何实现序列显示?

35. 根据 2.18 中的程序,试编制气质类型测验。

36. 根据 2.19 中的程序,编写一个关于词语的自由联想测验。

37. 根据 2.20 中的程序,编写《实验的理念》(郭秀艳,人民教育出版社,2004 年版)教材 p441 页中的实验程序,并完成实验和进行数据分析。

38. 在 2.21 程序中,picutre1 到 picture5 的 trial 对象的定义中,如果将由 stimulusframes 参数指定的[1 = answer1, leftpic1, rightpic1]等内容更改为[1 = leftpic1, rightpic1, answer1]会有什么不同?你从中学习到什么?

39. 在 2.21 程序中,被试只有单击屏幕左右两侧呈现的两幅图片的不同之处才计为正确反应,思考如何增加只要单击不同之处相同位置区域即算作正确反应?

40. 试收集 2.22 中的实验数据,并计算教材中给出的 8 个常用指标。

41. 试编制斯腾伯格短时记忆信息提取实验中刺激数目对搜索时间的影响的实验程序(提示:先顺序随机呈现 0~9 范围的数字序列,刺激数目为 3~7,然后呈现某个数字,要求被试判断该数字是否在先前的序列中出现,先独立完成本实验程序,然后参考所附光盘中的 SternbergMemoryTask.exp 程序)。

第三章 调查的编制

在 Inquisit3.0 的版本中,不但可以编制实验程序,而且还可以完成调查,利用 Inquisit 完成调查与其他的软件和网页调查相比而言,除都能自动记录被试的反应外, Inquisit 一个最大的优势就是同时还记录被试回答每个题项时的反应时(当然利用其他软件编写调查时也可以实现此功能)。

首先介绍调查表中几个常用的控件。

3.1 〈caption〉标记符

〈caption〉标记符常用于设置调查页面的标题如图 3-1 所示,例如调查的名称,最后的落款单位等。

```
<caption captionname>  //定义名为 captionname 的标题对象,用于调查或量表的名称显示
    / caption = "text"  //标题
    / fontstyle = ("face name", height, bold, italic, underline, strikeout, quality, character set)  //设置字体式样
    / position = (x expression, y expression)  //标题显示位置,单位参见为像素(px)、点(pt)、百分比(% 或 pct)、厘米(cm)、毫米(mm)、英寸(in)
    / size = (width expression, height expression)  //标题显示框的大小,单位同 position
    / subcaption = "text"  //副标题(小标题)内容
    / subcaptionfontstyle = ("face name", height, bold, italic, underline, strikeout, quality)  //副标题的字体样式
</caption>
```

抑郁自评量表
caption   由贝克编制
                    subcaption

图 3-1 〈caption〉对象示例

3.2 〈checkboxes〉标记符

〈checkboxes〉标记符用于设置复选框,所谓复选框就是被试可以选择多个选项,一般用方框来表示各个选项,与英文中的 checklist 列表单意义相同(参见图 3-2)

〈checkboxes checkboxesname〉//定义名为 checkboxsname 的复选框对象
　　/ caption = "text" //标题
　　/ correctresponse = ("word", "word", "...") or (keyword) //设置正确反应内容,可以是选
　　　　项内容,或者 noresponse 和 anyresponse
　　/ fontstyle = ("face name", height, bold, italic, underline, strikeout, quality, charac-
　　　　ter set) //字体式样
　　/ options = ("label", "label", "label", ...) //各个选项内容
　　/ optionvalues = ("value", "value", "value", ...) //各个选项对应的值,此值会写入保存
　　　　的数据文件中,否则将 options 中标签值写入数据文件
　　/ order = order mode //各选项的排序方式,random(随机)或 sequency(按照 options 中指定的
　　　　先后顺序)
　　/ orientation = layout //选项布局方式,vertical(竖直,此为默认项)或 horizontal(水平)
　　/ other = "caption" or textbox //加入可以让用户直接输入内容的标题为 caption 的文本框
　　/ position = (x expression, y expression) //设置在屏幕上的显示位置,单位见 3.1
　　/ range = (minimum, maximum) //最少和最多能够被选中的项数
　　/ required = boolean //是否是必填项,true 或 false
　　/ responsefontstyle = ("face name", height, bold, italic, underline, strikeout, quality)
　　　　//设置选项字体式样
　　/ size = (width expression, height expression) //设置标题显示区域大小,单位见 3.1
　　/ subcaption = "text" //副标题(小标题)内容
　　/ subcaptionfontstyle = ("face name", height, bold, italic, underline, strikeout, quali-
　　　　ty) //副标题的字体式样
　　/ txcolor = (red expression, green expression, blue expression) //文本颜色
　　/ validresponse = ("word", "word", "...") or (keyword) //设置有效反应内容,可以是选项
　　　　内容,或者 noresponse 和 anyresponse
〈/checkboxes〉

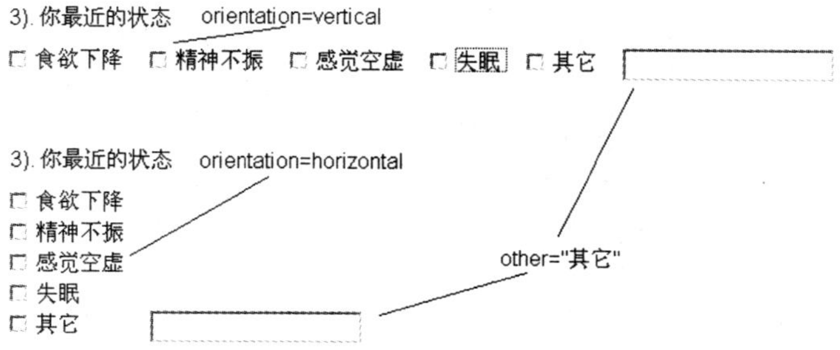

图 3-2　checkboxes 对象示例

3.3 〈dropdown〉标记符

〈dropdown〉标记符为下拉列表框,如 Word 工具栏中的字体和字号的选择均是通过下拉列表框来实现的,如图 3-3 所示,Inquisit 中的工具栏上的搜索框也属于下拉列表框,但可以将用户在编辑框中输入的内容自动填加到列表中,其功能与单选框相同(参见 3.6),但它适用于选项非常多的情况,因为如果采用单选框的形式将选项全部列出会占据屏幕上的很多空间,其操作效率没有单选框高。

```
〈dropdown dropdownname〉 //定义名为 dropdownname 的下拉框
    / caption = "text"  //下拉框的标题
    / correctresponse = ("word", "word", "...") or (keyword) //设置正确反应,可以是选项内
                容,或者 noresponse 和 anyresponse
    / fontstyle = ("face name", height, bold, italic, underline, strikeout, quality, charac-
                ter set)  //设置字体样式
    / listsize = (width, height)  //设置列表框的大小
    / options = ("label", "label", "label", ...)  //设置下拉列表中的选项内容
    / optionvalues = ("value", "value", "value", ...)  //各个选项对应的值,此值会写入保存
                的数据文件中,否则将 options 中标签值写入数据文件
    / order = order mode  //列表框中各项的排列顺序,random(随机排列)或 sequence(按照 op-
                tions 参数中选项的给定顺序显示)
    / orientation = layout  //列表框的布局,horizontal(与标题在同一行)和 vertical(显示在标
                题下方,此为默认项)
    / position = (x expression, y expression)  //设置在屏幕上的显示位置,单位见 3.1
    / required = boolean  //是否为必填项,true 或 false(此为默认值)
    / responsefontstyle = ("face name", height, bold, italic, underline, strikeout, quality)
                //反应项的字体式样,即列表框的字体式样
    / size = (width expression, height expression)  //列表框标题文本的显示区域大小,单位
                见 position
    / subcaption = "text"  //副标题(小标题)的内容
    / subcaptionfontstyle = ("face name", height, bold, italic, underline, strikeout, quali-
                ty)  //副标题的字体式样
    / txcolor = (red expression, green expression, blue expression)  //文本颜色,RGB 值
    / validresponse = ("word", "word", "...") or (keyword)  //设置有效反应内容,可以是选项
                内容,或者 noresponse 和 anyresponse
〈/dropdown〉
```

图 3-3　dropdown 对象示例

3.4　〈image〉标记符

〈image〉标记符用于图片,类似于 HTML 中的〈img〉标记符。

〈image imagename〉//定义名为 imagename 的图像对象
　　/ caption = "text" //标题内容
　　/ fontstyle = ("face name", height, bold, italic, underline, strikeout, quality, character set) //字体式样
　　/ imagesize = (width, height) //图像尺寸
　　/ items = itemname or ("item") //引用先前定义的条目对象或直接输入图像文件名
　　/ position = (x expression, y expression) //设置在屏幕上的显示位置,单位见 3.1
　　/ size = (width expression, height expression) //标题文本的显示区域大小
　　/ subcaption = "text" //副标题内容
　　/ subcaptionfontstyle = ("face name", height, bold, italic, underline, strikeout, quality) //副标题字体式样
〈/image〉

3.5　〈listbox〉标记符

〈listbox〉标记符用于设置列表框,调查对象可以从列表中选择某个选项,一般在选项较多的情况下使用。

〈listbox listboxname〉//定义名为 listboxname 的列表框,与 dropdown 对象不同的是,其占用的空间较大
　　/ caption = "text" //列表框的标题
　　/ correctresponse = ("word, word, ...") or (keyword) //正确反应,可以是各列表项内容,或 noresponse 和 anyresponse 关键字
　　/ fontstyle = ("face name", height, bold, italic, underline, strikeout, quality, character set)
　　/ listsize = (width, height) //列表框在屏幕上的大小,单位见 3.1

/ options = ("label", "label", "label", ...) //列表框中显示的各个列表项
/ optionvalues = ("value", "value", "value", ...) //各个列表项对应的数值,需要将数值置于括号中
/ order = order mode //列表项在列表框中的显示顺序,取值为 random(随机)或 sequence(由 options 参数中的顺序决定)
/ orientation = layout //布局方式,与标题水平对齐(horizontal)或与标题竖直对齐(vertical)
/ position = (x expression, y expression) //在屏幕上的显示位置,单位见 3.1
/ required = boolean //是否是必填项,true 或 false
/ responsefontstyle = ("face name", height, bold, italic, underline, strikeout, quality) //列表框中列表项的显示字体
/ size = (width expression, height expression) //标题文本的显示区域大小,单位见 3.1
/ subcaption = "text" //副标题内容
/ subcaptionfontstyle = ("face name", height, bold, italic, underline, strikeout, quality) //副标题字体式样
/ txcolor = (red expression, green expression, blue expression) //标题和副标题文本颜色,RGB 值
/ validresponse = ("word", "word", "...") or (keyword) //有效反应,可以是各列表项内容或 noresponse 和 anyresponse 关键字

</listbox>

3.6 〈radiobuttons〉标记符

〈radiobuttons〉标记符用于设置如图 3-4 的单选按钮,适用于选项较少且占据屏幕空间较小的情况。

〈radiobuttons radiobuttonsname〉 //定义名为 radiobuttonsname 的单选对象
/ caption = "text" //设置单选项标题
/ correctresponse = ("word", "word", "...") or (keyword) //只有选定指定项才可以提交结果或者指定 keyword 为 noresponse 或 anyresponse
/ fontstyle = ("face name", height, bold, italic, underline, strikeout, quality, character set) //设置字体样式
/ options = ("label", "label", "label", ...) //设置选项标签,多个选项用逗号分隔
/ optionvalues = ("value", "value", "value", ...) //各个选项对应的值,写入数据文件时该值用于替换标签内容
/ order = order mode //选项标签的排序方法,取值为 random(随机)和
/ orientation = layout //选项的布局,是水平排列(horizontal),还是竖直排列(vertical),参见图 3-4(左侧为竖直排列,右侧为水平排列)

/ other = "caption" or textbox //除由 options 参数设定的选项外,加入由 caption 作为标题的文本框,常用当给出的选项被试觉得均不合适时,在文本框中自行填入

/ position = (x expression, y expression) //设置显示位置的 x 和 y 坐标,单位为像素(px)、百分比(% 或 pct)、点(pt)、厘米(cm)、毫米(mm)和英寸(in)

/ required = boolean //是否为必选项,取值为 true 或 false

/ responsefontstyle = ("face name", height, bold, italic, underline, strikeout, quality) //设置选项字体式样

/ size = (width expression, height expression) //设置标题显示区域大小,单位见 3.1

/ subcaption = "text" //设置小标题(副标题)

/ subcaptionfontstyle = ("face name", height, bold, italic, underline, strikeout, quality) //副标题(小标题)的字体样式

/ txcolor = (red expression, green expression, blue expression) //文本颜色,仅对标题和小标题有效,对选项无效

/ validresponse = ("word", "word", "...") or (keyword) //设置有效反应,可以是选项内容,或者 noresponse 和 anyresponse

</radiobuttons>

图 3-4 radiobuttons 的布局

3.7 〈slider〉标记符

〈slider〉标记符用于设置滑动条,希作为刻度尺使用,如图 3-5 所示。

〈slider slidername〉//slidername 为滑动条名称

/ caption = "text" //标题

/ correctresponse = ("word", "word", "...") or (keyword) //正确值

/ fontstyle = ("face name", height, bold, italic, underline, strikeout, quality, character set) //字体样式

/ increment = integer //设置滑动条刻度间距

/ orientation = layout //布局方式,horizontal(水平)或 vertical(竖直)

/ position = (x expression, y expression) //在屏幕上的位置,单位参见 3.6

/ range = (minimum, maximum) //滑动条的范围(最小值,最大值),单位同 position

/ showticks = boolean //是否显示刻度(true 或 false),默认值为 true

/ showtooltips = boolean //是否显示提示(true 或 false),设置为 true 时,移动滑块时,会显示当前位置的刻度值,默认值为 true
/ size = (width expression, height expression) //设置标题显示区域大小,单位见 3.1
/ slidersize = (width, height) //设置滑动条的宽度和高度,单位同 position
/ subcaption = "text" //副标题(小标题)的内容
/ subcaptionfontstyle = ("face name", height, bold, italic, underline, strikeout, quality) //副标题的字体式样
/ txcolor = (red expression, green expression, blue expression) //文本颜色
/ label = ("label", "label", "label", ...) //设置刻度显示值
/ validresponse = ("word", "word", "...") or (keyword) //有效值(括号中为字符串形式的刻度值)

</slider>

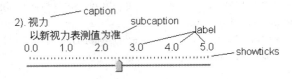

图 3-5　slider 对象示例

3.8　〈survey〉标记符

〈survey〉标记符用于设置调查对象的显示样式、布局和控制等。

〈survey surveyname〉//定义名为 surveyname 的调查对象
　　/ backkey = ("character") or (scancode) or (signal) //当有多个页面时,设置后退键,可以键名、扫描码或串口并口反应盒的输入信号
　　/ backlabel = "label" //后退标签
　　/ branch = [if expression then event] //设置条件表达式语句,当满足由 if 指定的条件时,执行 event 命令语句
　　/ file = "location" //指定文件保存位置,可以将数据文件存储到本地计算机、网络、FTP 服务器,甚至可以将数据发送至指定 Email 地址,例如:
　　　　● / file = "C:\data\mydata.dat" //将数据保存至 C 盘 Data 目录下的 mydata.dat 文件中
　　　　● / file = "\\server\fileshare\data\" //将数据存储到网络服务器
　　　　● / file = "ftp://192.168.0.105/datafiles/" //将数据存储到 FTP 服务器,如果不能匿名访问,需要通过 userid 和 password 指定用户名和密码
　　　　● / file = "http://www.myweb.com/datafiles/" //将数据存储至 WEB 服务器
　　　　● / file = "mailto:someone@126.com" //将数据发送至邮件地址

/ encrypt = true("password") or false //设置是否对数据文件进行加密
/ finishlabel = "label" //当为最后一个页面时,完成调查的按键标签
/ fontstyle = ("face name", height, bold, italic, underline, strikeout, quality, character set) //设置字体式样,该字体将作用所有调查对象文本(除非定义的调查对象中先设置了字体式样)
/ itemfontstyle = ("face name", height, bold, italic, underline, strikeout, quality) //设置调查题目的字体式样,其优先级高于fontstyle
/ itemspacing = height or expression //调查题目间的间隔,单位见3.1
/ navigationbuttonfontstyle = ("face name", height, bold, italic, underline, strikeout, quality, character set) //导航按钮(前进、后退、完成)的字体式样
/ navigationbuttonsize = (width, height) //导航按钮的大小,单位见3.1
/ nextkey = ("character") or (scancode) or (signal) //当有多个页面时,设置前进键
/ nextlabel = "label" //前进按钮的标签
/ onblockbegin = [expression; expression; expression; ...]
/ onblockend = [expression; expression; expression; ...]
/ ontrialbegin = [expression; expression; expression; ...]
/ ontrialend = [expression; expression; expression; ...]
/ orientation = layout //设置布局方式,此处设置相当于各对象的默认项
/ pages = [pagenumber, pagenumber = pagename; pagenumber—pagenumber = selectmode(pagename, pagename,...); pagenumber, pagenumber—pagenumber = pagename] //设置各个调查页面,pagenumber 为以 1 为起始值的整数值,pagename 为由 surveypage 定义的对象名,selectmode 参见 2.1.1
/ password = "string" //设置登录服务器的密码
/ recorddata = boolean //是否记录数据,true 或 false
/ responsefontstyle = ("face name", height, bold, italic, underline, strikeout, quality) //反应项的字体式样,例如下拉列表中列表项等
/ screencolor = (red expression, green expression, blue expression) //屏幕颜色,RGB 值
/ showbackbutton = boolean //是否显示后退按钮(即是否允许被试返回上一页面),默认为 true
/ showpagenumbers = boolean //是否显示页面号码
/ showquestionnumbers = boolean //是否显示题项编号,每一页面的题项单独编号,默认值为 true
/ skip = [expression; expression; expression; ...] //当某个表达式成立时则跳过
/ subcaptionfontstyle = ("face name", height, bold, italic, underline, strikeout, quality) //所有副标题的字体式样
/ timeout = integer expression //超时时限
/ txcolor = (red expression, green expression, blue expression) //文本颜色,RGB 值

/ userid = "string" //设置登录服务器的用户名
</survey>

3.9 问卷调查(外来务工人员生活状况)程序示例

本示例程序演示了如何通过 Inquisit 实现问卷调查,并且尽可能地给出不同调查元素的使用示例代码。

程序 exp25.exp 的代码如下:

```
*******************************
<image logo> //定义标志图像对象
    / items = ("logo1.jpg") //指定图片名称
    / imagesize = (80,80) //图像大小为 80pix X 80pix
    / position = (22%,2%) //图像显示在屏幕左上角
</image>
--------------------------------
定义第一页面调查元素

<caption title1> //页面标题
    / caption = "外来务工人员生活状况调查问卷" //主标题
    / subcaption = "第一部分:背景资料" //副标题
    / fontstyle = ("黑体", 3%, false, false, false, false, 5, 134) //主标题字体
    / subcaptionfontstyle = ("楷体_GB2312",2%,false,false,false,false,5,134) //副标题字体
    / position = (28%,3%) //标题显示位置
</caption>
<textbox age> //年龄文本框
    / caption = "年龄(岁):" //标题
    / mask = integer //输入掩码为数字
    / range = (18,65) //输入范围为 18 至 65
    / textboxsize = (55px,20px) //文本输入框的尺寸
    / orientation = horizontal //水平排列,即文本框显示在标题(年龄)后面
</textbox>
<radiobuttons gender> //性别单选框
    / caption = "性别:" //标题
    / options = ("男","女") //选项
    / orientation = horizontal //水平排列
</radiobuttons>
<radiobuttons marriage> //婚姻状况单选框
```

/ caption = "婚姻状况:"

/ options = ("已婚","未婚","离婚","丧偶")

/ other = "其他" //加入其他选项,当没有合适选项时,被试可以灵活地输入

</radiobuttons>

<dropdown educlevel> //学历下拉列表框

/ caption = "学历" //标题

/ options = ("初中","中专","技校","高中","职高","大专","本科及以上") //选项

</dropdown>

<radiobuttons enterprise> //企业类型单选框

/ caption = "所在企业类型:"

/ options = ("电子类","食品加工类","造纸或化工类","机械制造类","酒店、宾馆等服务业类")

/ other = "其他"

</radiobuttons>

<radiobuttons job> //工作性质单选框

/ caption = "您的工作性质;"

/ options = ("长期合同工","短期合同工","劳务派遣工","临时工","实习生")

/ position = (50%,10%)

</radiobuttons>

<textbox position> //工作岗位文本输入框

/ caption = "岗位;"

/ position = (50%,30%)

</textbox>

<textbox headship> //职务文本框

/ caption = "职务;"

/ position = (50%,40%)

</textbox>

………………………………

定义第二页面调查元素

………………………………

<caption title2> //页面标题

/ caption = "外来务工人员生活状况调查问卷"

/ subcaption = "第二部分:生活状况"

/ fontstyle = ("黑体",3%,false,false,false,false,5,134)

/ subcaptionfontstyle = ("楷体_GB2312",2%,false,false,false,false,5,134)

/ position = (28%,3%)

</caption>

<checkboxes holiday> //休息方式复选框

```
      / caption = "休息日,你通常如何度过(可多选)?"
      / options = ("睡觉","收拾房间或做家务","学习","看电视","上网","旅游")
      / other = "其他"  //加入其他选项,当没有合适选项时,被试可以灵活地输入
</checkboxes>
<slider satisfaction>  //生活满意度滑动条
      / caption = "你对现在的生活满意吗?"
      / range = (1,10)  //分为10个等级
      / labels = ("非常不满意","非常满意")  //滑动条两端的标签(可以加入多个标签)
      / slidersize = (300px,50px)  //滑动条的尺寸
</slider>
<listbox hours>  //工作时数列表框
      / caption = "你每天的工作时间为"  //标题
      / options = ("8小时之内","8—10小时","10—12小时","12小时以上")  //选项
      / listsize = (150px,100px)  //列表框大小
</listbox>
<checkboxes stress>  //工作压力来源复选框
      / caption = "你认为给你造成工作压力的主要原因是什么?"
      / options = ("在太短的时间内有太多的事情要做,超出自己工作能力和身体极限","自己的学
                  历、技能不够","担心未来的工作或业绩","担心自己会失去工作")
</checkboxes>
<radiobuttons improvement>  //生活水平改善单选框
      / caption = "现在这份工作,有没有帮助你改善家中的生活水平?"
      / options = ("有很大改善","有一些改善","没有改善")
</radiobuttons>
```

定义页面

```
<surveypage personalinformation>  //个人信息页面
      / questions = [1 = title1;2 = age;3 = gender;4 = marriage; 5 = educlevel;6 = enterprise;
                    7 = job; 8 = position;9 = headship;10 = logo]
</surveypage>
<surveypage lifestate>  //生活状况页面
      / questions = [1 = title2;2 = logo;3 = holiday;4 = hours;5 = stress;6 = improvement; 7 =
                    satisfaction]
</surveypage>
```

定义调查(Survey)

```
〈survey lifestate〉//调查对象,必须给对象起名称
    / pages = [1 = personalinformation;2 = lifestate] //包含两个页面
    / finishlabel = "提交问卷" //设置按钮标签
    / backlabel = "上一页" //设置按钮标签
    / nextlabel = "下一页" //设置按钮标签
〈/survey〉
**********************************
```

程序运行后页面如图 3-6 所示：

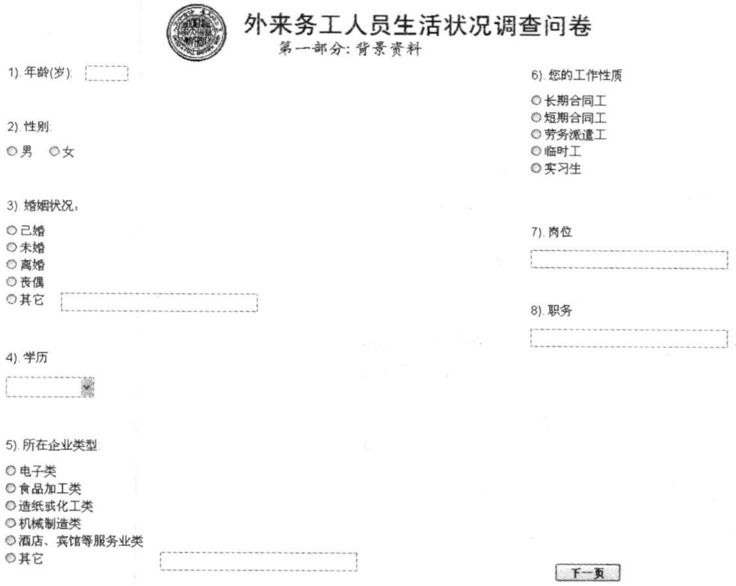

图 3-6　问卷调查页面示例

3.10　改进的自尊测验(加入个人信息)程序示例

在自尊测验 exp20. exp 的基础上通过本章中所学习的调查问卷的各元素,在进行正式的量表评定前加入个人背景信息的填写。程序代码(exp26. exp)如下：

```
自尊量表(Self—Esteem Scale, Rosenberg, 1965)
**********************************
------------------------------
定义页面元素
------------------------------
```

```
<caption title1>   //页面标题
    / caption = "自尊量表"   //主标题
    / subcaption = "请认真填写个人信息(注:打*号表示必填项)"   //副标题
    / fontstyle = ("黑体",3%,false,false,false,5,134)
    / subcaptionfontstyle = ("楷体_GB2312",2%,false,false,false,5,134)
</caption>
<textbox age>   //年龄输入文本框
    / caption = "年龄(岁)*:"   //标题
    / mask = integer   //输入掩码为数字
    / range = (8,60)   //输入数值的范围介于8~60
</textbox>
<radiobuttons gender>   //性别单选框
    / caption = "性别*:"
    / options = ("男","女")   //备选项
    / orientation = horizontal   //水平排列方式
</radiobuttons>
<radiobuttons marriage>   //婚姻状况单选框
    / caption = "婚姻状况:"
    / options = ("已婚","未婚","离婚","丧偶")   //备择选项
    / other = "其他"   //当没有合适选项时,由被试自行输入
    / required = false   //非必填项
</radiobuttons>
<dropdown educlevel>   //学历下拉列表框
    / caption = "学历"
    / required = false   //非必填项
    / options = ("初中","中专","技校","高中","职高","大专","本科及以上")
</dropdown>
<textbox email>   //邮箱地址文本输入框
    / caption = "电子邮箱*"
    / mask = emailaddress   //输入掩码设定为电子邮件地址
</textbox>
```

定义页面

```
<surveypage personalinformation>   //个人信息调查页面
    / questions = [1=title1;2=age;3=gender;4=marriage;5=educlevel;6=email]
    / finishlabel = "开始测验"   //设置按钮标签
</surveypage>
```

〈item questions〉//题项条目库
    /1 = "1.我认为自己是个有价值的人,至少与别人不相上下。"
    /2 = "2.我觉得我有许多优点。"
    /3 = "3.总的来说,我倾向于认为自己是一个失败者。"
    /4 = "4.我做事可以做得和大多数人一样好。"
    /5 = "5.我觉得自己没有什么值得自豪的地方。"
    /6 = "6.我对自己持有一种肯定的态度。"
    /7 = "7.整体而言,我对自己觉得很满意。"
    /8 = "8.我要是能更看得起自己就好了。"
    /9 = "9.有时我的确感到自己很没用。"
    /10 = "10.有时我觉得自己一无是处。"
〈/item〉
〈page instruction〉//指导语页面
    自尊量表(self—esteem scale,SES)由 Rosenberg 于 1965 年编制,用以评定青少年关于自我价值和自我接纳的总体感受。~
    请在每一个问题后选择你认为最适合自己的选项。~
    答题方法:^
    方法一:请用鼠标直接单击相应选项^
    方法二:用方向键、Tab 键或空格键在各个选项间变换,按回车键确认。
〈/page〉
〈page result〉//汇总信息页面
    此量表由 5 个正向计分和 5 个反向计分的条目组成,分 4 级评分。"非常同意"计 4 分,"同意"计 3 分,"不同意"计 2 分,"非常不同意"计 1 分,其中第 3、5、8、9、10 为反向计分题。总分越高说明自尊水平越高。
〈/page〉

··

定义刺激

··

〈instruct〉//指导语参数设置
    / fontstyle = ("宋体",3%) //默认字体式样
    / windowsize = (80%,60%) //默认指导语显示区域尺寸
    / finishlabel = ("按回车键继续") //按钮标签
〈/instruct〉
〈text questions〉//题项文本对象
    / fontstyle = ("宋体",3%)
    / items = questions
    / select = sequence //从条目库中顺序选取条目
    / vposition = 40% //显示在屏幕 40% 高度处,水平居中

```
</text>
```

定义试次

```
<likert selfesteem> //定义名为 selfesteem 的利克特对象
    / stimulusframes = [1 = questions]
    / position = (50,60) //显示位置
    / anchors = [1 = "非常同意";2 = "同意";3 = "不同意";4 = "非常不同意"] //锚点
    / numpoints = 4 //设置选项数目
    / buttonvalues = [1 = "4";2 = "3";3 = "2";4 = "1"] //各选项代表的分值
</likert>
```

定义区组

```
<block selfesteem> //定义名为 selfesteem 的 block 对象
    / trials = [1 = personalinformation;2—11 = selfesteem] //首先是个人信息页面,然后是 10
                                                            个题项逐一显示
</block>
```

定义实验

```
<expt> //实验体
    / preinstructions = (instruction) //实验前指导语
    / blocks = [1 = selfesteem] //引用区组对象
    / onblockend = [instruct.finishlabel = "Press Enter to End the Test"]
    / postinstructions = (result) //实验结束后的指导语
</expt>
```

****

3.11 反应决定显示内容(城市喜好调查)程序示例

本示例程序演示了如何根据被试的反应显示相应的内容,根据被试的不同回答可以执行不同的代码。程序 exp27.exp 代码如下:

```
<item cities> //定义条目库(供存储被试的选择用)
</item>
<checkboxes cities> //定义城市复选框
    / caption = "选择三个你最喜欢的城市:" //设置标题
```

```
    / options = ("北京","上海","广州","青岛","苏州","杭州","西安") //设置备选项
    / optionvalues = ("beijing.jpg", "shanghai.jpg", "guangzhou.jpg", "qingdao.jpg",
                "suzhou.jpg","hangzhou.jpg","xian.jpg") //设置每个选项对应的值,此
                处设置为对应城市的象征性图片
    / range = (3,3) //限定选择对象数目范围
</checkboxes>
<picture selectedcities> //定义图片对象
    / items = cities //引用未初始化的条目库,该条目根据被试的选择来填充
    / select = sequence //顺序选择
    / size = (40%,30%) //图片显示大小
</picture>
<text tips> //文本对象
    / items = ("你喜欢的城市之<%picture.selectedcities.currentitemnumber%>为(按空格键
            继续):") //设置文本内容
    / vposition = (30%) //显示位置
</text>
<surveypage page1> //调查页面对象
    / questions = [1 = cities] //指定题项为城市复选框
    / ontrialend = [ if (checkboxes.cities.checked.1 = = true) item.cities.item = checkbox-
            es.cities.optionvalue.1 ] //当trial结束后,进行判断:如果第1项被选中,
            则将optionvalue值添加到cities条目库中
    / ontrialend = [ if (checkboxes.cities.checked.2 = = true) item.cities.item = checkbox-
            es.cities.optionvalue.2 ]
    / ontrialend = [ if (checkboxes.cities.checked.3 = = true) item.cities.item = checkbox-
            es.cities.optionvalue.3 ]
    / ontrialend = [ if (checkboxes.cities.checked.4 = = true) item.cities.item = checkbox-
            es.cities.optionvalue.4 ]
    / ontrialend = [ if (checkboxes.cities.checked.5 = = true) item.cities.item = checkbox-
            es.cities.optionvalue.5 ]
    / ontrialend = [ if (checkboxes.cities.checked.6 = = true) item.cities.item = checkbox-
            es.cities.optionvalue.6 ]
    / ontrialend = [ if (checkboxes.cities.checked.7 = = true) item.cities.item = checkbox-
            es.cities.optionvalue.7 ]
</surveypage>
<trial cities> //定义名为cities的trial对象
    / stimulusframes = [1 = selectedcities,tips] //指定显示的刺激对象
    / validresponse = (" ") //有效按键为空格键
</trial>
```

```
<block cities> //实验区组
    / trials = [1 = page1;2—4 = cities] //先呈现调查页面,然后根据被试的选择显示城市图片
</block>
<expt> //实验对象
    / blocks = [1 = cities]
</expt>
```

习 题

1. 自拟一项"大学生职业生涯规划"调查,并利用 Inquisit 实现调查程序。
2. 试利用<slider>标记符编写生活事件压力量表的 Inquisit 测试程序。
3. 在 3.11 程序中的 trial 对象 cities 的定义中,将 stimulusframes 参数的括号内 selectedcities,tips 更改为 tips,selectedcites 的顺序,会有什么不同?为什么?

第四章 程序的运行与调试

4.1 程序的运行

4.1.1 界面运行

打开程序文件,从"Experiment"("Run"或直接通过快捷键"Ctrl+F5"或工具栏上的图标来运行实验程序,首先出现设定被试编号和组号的对话框如图 4-1 所示。在其中可以输入被试的编号(比如学号,身份证号等)和被试所属的组号,在程序中可以使用该信息让不同编号的被试执行不同的程序,适用于被试间实验设计(Between-Subject Design)。

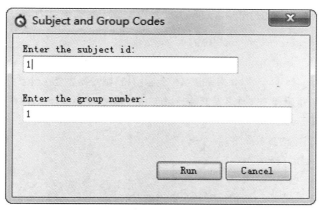

图 4-1 被试编号设定窗口

4.1.2 直接运行

在 Windows 资源管理器中直接双击程序文件,则会打开如图 4-2 所示的对话框,在该对话框中输入被试的编号和组号,点击"Run"按钮来运行实验程序,或者单击"Edit"按钮来编辑实验程序。此时要注意的是扩展名为 iqx 或 exp 的文件一定要和应用程序 Inquisit 关联起来,默认情况下扩展名为 iqx 的文件的图标为 ,如果不是,则可能该类型文件与其他应用程序进行了关联。

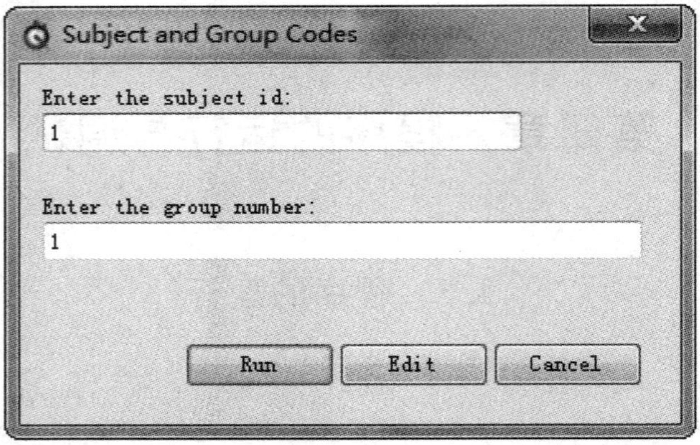

图 4-2 被试编号设定窗口

4.1.3 命令行运行

Inquisit 的实验程序文件也可以通过命令行来运行,其格式如下:

"inquisitpath" "scriptpath" [options]

- "inquisitpath":指定 Inquisit 主程序及其路径,如"C:\Program Files\Millisecond Software\Inquisit 4\Inquisit.exe",如果路径名中包含空格,则需要放置在引号中,否则直接写即可。
- "scriptpath":指定程序文件名及其路径,如 C:\实验程序\exp1.exp,同样如果路径中包含空格,也需要将其置于引号中。
- options 可以指定的参数如下:

-s〈subjected〉指定被试编号

-g〈groupid〉指定组号

-p〈password〉如果程序文件进行了加密,则须指定密码

-m〈monkey|human〉如果指定为 monkey,则作为程序调试用;如果指定为 human,则被试为人

命令行运行方式可能通过"开始→运行…",在弹出的如图 4-3 所示的对话框中按照上述格式输入运行指令,也可以在命令提示符窗口如图 4-4 所示中输入运行指令。

格式示例 1

"C:\Program Files\Millisecond Software\Inquisit 4\Inquisit.exe" C:\exp1.exp

解释:运行 C 盘根目录下的 exp1.exp 程序文件,需要输入被试编号

格式示例 2

"C:\Program Files\Millisecond Software\Inquisit 4\Inquisit.exe" "C:\My Experiments\exp1.exp"

解释:运行 C 盘 My Experiments 目录下的 exp1.exp 程序文件,需要输入被试编号,注意引号的使用

图 4-3　Windows 运行窗口

图 4-4　命令提示符窗口

格式示例 3

"C:\Program Files\Millisecond Software\Inquisit 4\Inquisit.exe"C:\exp1.exp -s 15 -g 2

解释:运行 C 盘根目录下的 exp1.exp 程序文件,设定被试的编号为 15,组号为 2

格式示例 4

"C:\Program Files\Millisecond Software\Inquisit 4\Inquisit.exe"C:\exp1.exp -s 15 -g 1 -m monkey

解释:对程序进行调试,并可以生成样本实验数据,以便检查是否有遗漏

4.1.4　批处理文件运行

在命令行运行方式下运行指令,通过文本编辑工具保存为以 bat 为扩展名的批处理文件中,然后在 Windows 资源管理器或运行窗口、命令行提示符下直接运行该批处理文

件。例如我们把4.1.3节中的格式示例保存在与程序文件同目录的exp1.bat中,可用记事本编辑其内容如下:

"C:\Program Files\Millisecond Software\Inquisit 4\Inquisit.exe" exp1.exp -s 15 -g 2

如果需要灵活设定被试的编号,则可以将上述内容更改为:

"C:\Program Files\Millisecond Software\Inquisit 4\Inquisit.exe" exp1.exp -s %1 -g %2

然后在运行exp1.bat这个批处理文件时,在文件名加入被试的编号,例如可以在运行窗口或命令行提示符窗口中输入以下内容来运行批处理文件并且指定被试的编号为15,组号为2。

C:\exp1.bat 15 2

4.1.5 程序的中途退出

如果需要中途退出实验程序,可按"Ctrl+Q"快捷键,如果要跳过当前Block的其他试次可按"Ctrl+B"键。

4.2 程序调试

4.2.1 〈monkey〉标记符

```
<monkey> //monkey对象
 / latencydistribution = constant(mean) or normal(mean, sd) or uniform(min, max) //指定
   反应时的分布情况,其取值如下:
     ● constant(mean):反应时恒定,mean取值单位(毫秒)
     ● normal(mean, sd):反应时正态分布,其中mean为均值,sd为标准差,单位均为毫秒
     ● uniform(min, max):均匀分布,min表示最小值,max为最大值
 / percentcorrect = integer //设置正确反应比率,取值范围为0至100
</monkey>
```

当程序编写完毕后或完成某些功能后,就可以对程序进行尝试运行来检查程序是否有问题。正常情况下,在下方的Output页面窗口中会输出以下内容(//后为加入的注释信息):

```
Checking system capabilities...    //系统性能检测
Timer resolution: 0.0002793651148400146 milliseconds //系统时钟的时间精度
Color resolution: 32 bits per pixel //颜色分辨率
Display mode: 1680 X 1050 //屏幕分辨率
Refresh Rate: 60 Hz //屏幕刷新频率
Videosync supported.  //支持视频同步
Building Experiment...    //开始生成实验
```

```
Extracting elements from...    //从程序文件提取各元素
Parsing elements...    //进行元素析分,下面为定义的实验元素对象
<block personalinformation>
<caption title>
<checkboxes hobby>
<dropdown grade>
<expt>
<page result>
<radiobuttons gender>
<radiobuttons major>
<surveypage personalinformation>
<textbox job>
<textbox name>
Results...  //实验结果
Data file：….
```

如果程序代码编写有误,在 Message List 信息列表窗口中会提示相应的错误信息,如图 4-5 所示,如果不改正则程序无法运行,用鼠标双击某行信息会自动定位到错误代码处。

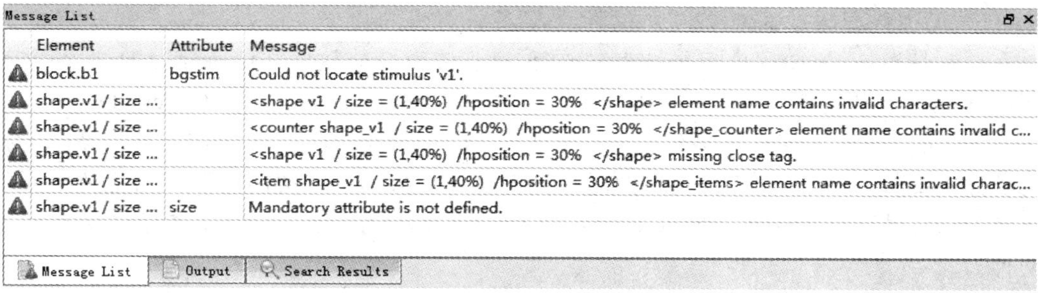

Element	Attribute	Message
block.b1	bgstim	Could not locate stimulus 'v1'.
shape.v1 / size ...		\<shape v1 / size = (1,40%) /hposition = 30% \</shape> element name contains invalid characters.
shape.v1 / size ...		\<counter shape_v1 / size = (1,40%) /hposition = 30% \</shape_counter> element name contains invalid c...
shape.v1 / size ...		\<shape v1 / size = (1,40%) /hposition = 30% \</shape> missing close tag.
shape.v1 / size ...		\<item shape_v1 / size = (1,40%) /hposition = 30% \</shape_items> element name contains invalid charac...
shape.v1 / size ...	size	Mandatory attribute is not defined.

图 4-5 错误信息

4.2.2　运行某个对象

在脚本编辑窗口和脚本浏览窗口中均可以单独运行某个对象(刺激、试次、区组等可运行对象)。在脚本编辑窗口中,将光标置于某个可运行对象处,通过快捷菜单"Run XXX"或快捷键"F11"可以运行该对象;在脚本浏览窗口,选中某个可运行的对象,然后使用快捷菜单"Run XXX"或快捷键"F11"同样可以运行该对象。

4.2.3　常见错误类型

1. 无法显示中文

程序运行中,汉字无法显示,而是以"□□□"形式显示。解决的方法是查找相应的

文本对象,设置字体式样为中文字体,例如/fontstyle=("宋体",3%)。

2. 看不到文本信息

当看不到文本信息时,检查一下文本对象的颜色是否与文本背景色或屏幕颜色相同。

3. 代码格式错误

代码格式错误包括需要将参数内容放置在引号内而没有放置在引号内时,会提示 Missing double quotes 字样;缺少括号,则会提示 Missing '(' 或 Missing ')' 字样;缺少中括号时会提示 Missing '[' 或 Missing ']' 字样。当在信息列表窗口中显示 Invalid syntax 字样时,表示输入的语法命令有误。

4. 对象定义重复

如果你定义了两个具有相同名称的相同对象,例如,两个名为 fixation 的 text 对象,则在信息列表窗口中会显示"〈text fixation〉 is defined more than once."警告信息。

5. 找不到文件

运行实验程序时,在信息列表窗口中会显示 File not found. Please verify that the file... is correct.,可能是所使用的图片或音频文件名称拼写有误,或者如果文件没有和程序文件在同一目录下,而忘记加上文件的路径。

6. 无法打开数据文件

正常情况下,实验程序运行结束时,在信息列表窗口会数据文件所保存的位置,并且用鼠标双击即可以打开记录的数据文件,有时会显示 Inquisit could not open the data file for writing. 字样,说明数据文件已处于打开状态,你可能用其它程序如 Excel 等已经打开了数据文件,造成了共享冲突。此时只要把打开的数据文件关闭即可。当把数据文件保存至服务器上,如果用户名或密码有误或无法连接到服务器时,也将无法保存数据文件。

7. 使用了未定义的属性

如果使用了未定义的属性,信息列表窗口中会显示诸如:Expression XXX is invalid. Expression contains an unknown element or property name. 的错误信息。

8. 使用了未定义的对象

如果因为定义的对象名称有误或使用了未定义的对象名,则会在信息列表窗口中显示诸如 Could not locate stimulus 'v7' 的信息,表示未找到名为"v7"的对象。上述信息会因在不同参数中使用了未定义的对象而不同。

9. 使用了已不支持的属性

如果在较新版本的 Inquisit 中使用了已经不再支持的低版本的某些属性,则会显示相应的提示信息,例如:/format:Fixed format data is no longer supported. 表示固定宽度格式的数据文件已经不再被支持,此类信息中一般都有 is no longer supported 字样。

10. 强制性参数未定义

在 Inquisit 中的某些对象的定义中,必须指定某些参数(属性),如果没有设置这些属性,则会在输出窗口中显示"… attribute must be defined."字样。

11. 未安装语音识别引擎

在利用 Inquisit 的语音反应分析功能(Analyze Recorded Responses)对记录的语音文件进行分析时,如果在信息列表窗口中出现如下内容,则表示未安装语音识别引擎。

Speech Error 8004503a：Speech Error.
Line 339, File .\VoiceKeyResponseDlg.cpp

12. 未安装播放器

当你在程序中使用了音频或视频文件时,一定要安装相应的播放软件,否则实验软件会崩溃。

4.3 数 据 文 件

如果将不同的程序文件通过<batch></batch>标记符组合在一起,默认记录的数据文件名并不以<batch></batch>标记符所在的程序文件名。

如果是调查问卷,则保存的数据文件名为所定义的 survey 对象名

系统会将以 ASCII 码的格式将实验数据保存至扩展名为 dat 的数据文件中,默认的文件名为实验程序名称加 dat 扩展名。例如,实验程序名为 mentalimage.exp,则数据文件名为 mentalimage.dat,并且与实验程序文件位于相同目录下。通过<data></data>可以指定保存的文件名及位置。

可以在<block>、<survey>和<trial>通过/ recorddata 开关设定是否保存数据文件。

4.3.1 数据文件格式

默认情况下,Inquisit 以制表符(tab)分隔的格式保存数据,保存的内容包括：

Date:系统日期(mmddyy)
Time:时间(hh:mm)
Group:组号(在程序运行时指定)
Subject:被试编号(在程序运行时指定的编号)
Build:Inquist 系统版本号
Blocknum:区组编号
Trialnum:试次编号
Blockcode:区组代码(默认为区组对象名)
Trialcode:试次代码(默认为试次对象名)
Pretrialpause:试次开始前暂停时间(单位毫秒)

Posttrialpause:试次结束后暂停时间(单位毫秒)
Windowcenter:反应时间窗的中点
Trialduration:试次周期
Trialtimeout:试次超时时限
Blocktimeout:区组超时时限
Response:被试的反应(扫描码)
Correct:被试的反应正确与否(1表示正确,0表示错误)
Latency:反应时(单位毫秒)
Inwindow:反应是否介于反应窗内(1在规定的时间窗内,0不在规定的时间窗内)

接下来的数据视所定义的试次的不同而不同,当在单次试次中显示多个刺激对象时,则依次给出刺激编号(stimulusnumber+n,n表示最大的刺激数目)、刺激条目(stimulusitem+n)和刺激在屏幕上的位置(水平位置:stimulushpos+n,垂直位置:stimulusvpos+n)以及刺激开始呈现时相对于试次开始的时间(stimulusonset+n)。

4.3.2 自定义数据格式

⟨data⟩
 / columns = [columnname, columnname, "string", property, property, property] //指定保存的数据列,包括在⟨values⟩和⟨expressions⟩中指定的变量或表达式及预先定义的下列内容:

- date:程序运行时的日期(格式为:月-日-年)
- time:程序运行时的时间(格式为:小时:分钟)
- build:inquisit 版本号
- group:在程序开始运行时指定的组号
- subject:在程序开始运行时指定的被试编号
- trialcode:试次代码
- blockcode:区组代码
- blocknum:区组编号
- trialnum:当前区组内试次编号
- latency:有效反应的反应时
- response:反应键的键码
- correct:反应正确与否
- error:反应错误与否
- inwindow:是否介于反应时间窗内
- windowcenter:反应时间窗的中点,0表示未设置反应窗
- pretrialpause:试次开始前的暂停时间
- posttrialpause:试次结束后的暂停时间
- meanlatency:当前区组的移动平均反应时(截止当前时刻,被试的平均反应时)

- medianlatency:当前区组的移动平均中位数
- sumlatency:当前区组的移动累积反应时
- minlatency:截止目前当前区组的最短的反应时
- maxlatency:截止目前当前区组的最长的反应时
- sdlatency:截止目前当前区组的反应时的标准差
- varlatency:截止目前当前区组的反应时的方差
- numcorrect:截止目前当前区组的正确反应次数
- percentcorrect:截止目前当前区组的正确反应百分比
- correctstreak:当前区组的连续正确反应次数
- errorstreak:当前区组的连续错误反应次数
- numinwindow:当前区组的反应时介于反应时间窗内的次数
- percentinwindow:当前区组的反应时介于反应时间窗内的百分比
- count:当前区组已经运行的试次数
- totalmeanlatency:整个实验目前的平均反应时
- totalmedianlatency:整个实验目前反应时的中位数
- totalsumlatency:整个实验目前所有反应时之和
- totalminlatency:整个实验目前最小的反应时
- totalmaxlatency:整个实验目前最大的反应时
- totalsdlatency:整个实验目前反应时的标准差
- totalvarlatency:整个实验目前反应时的方差
- totalnumcorrect:整个实验目前正确反应的次数
- totalpercentcorrect:整个实验目前正确反应的百分比
- totalcorrectstreak:整个实验连续正确反应次数
- totalerrorstreak:整个实验连续错误反应次数
- totalnuminwindow:整个实验反应时介于反应时间窗内的总次数
- totalpercentinwindow:整个实验反应时介于反应时间窗内的百分比
- totalcount:整个实验目前已经运行的试次总次数
- stimulusnumber:当前试次中刺激的编号
- stimulusitem:当前试次中的刺激条目
- stimulusonset:刺激开始呈现时距试次开始的时间
- trialdata:把在 trial 对象的定义体中由 trialdata 参数定义的内容写入数据文件
- "string":自定义的字符串

/ file = "location" //在双引号内指定文件保存的位置,可以是本地驱动器(如 d:\myexperiments\mydata.dat),也可以是网络共享(如 \\server\fileshare\data\,此时保存的文件名称为:实验程序名.日期+随机整数.dat,其中日期格式为年月日,例如 exp18.2008112553927703.dat),注意此时网络共享目录必须开放写权限,否则数据无法保存。还可以是 FTP 服务器(如 ftp://192.168.0.105/datafiles/),能够将数据存储到 FTP 服务器,如果不能匿名访问，需要通过 userid 和 password 指定用户名和密码；也可以是 WEB 服务器（如 http://www.myweb.com/datafiles/），则将数据存储至 WEB 服务器，还可以指定为邮件地址，如 mailto:someone@126.com，将数据发送至指定的邮件地址

/ encrypt = true("password") or false //是否对数据文件进行加密，在引号内指定密码
/ format = dataformat //指定数据格式，可以是 fixed（固定宽度）、free（用空格分隔数据列）、tab（用 tab 制表符分隔数据列，此为缺省项）和 comma（用逗号分隔数据列）
/ header = boolean //是否加入文件头，其中为当前运行的 Inquisit 的版本号和编译号，默认值为 false
/ labels = boolean //是否在文件中加入各列数据的标签，当要写入的文件不空时，不再重复加入列标签，否则加入列标签，默认值为 true。
/ password = "string" //登录服务器的密码
/ userid = "string" //登录服务器的用户名
⟨/data⟩

4.3.3 数据文件的合并

实验程序运行后把数据文件保存至本地硬盘时，Inquisit 会将这些数据放入同一数据文件中，但当需要把数据文件保存至远程服务器或对数据文件加密时，数据会被保存至不同的数据文件中；不管怎样，需要将保存在不同文件中的同一实验的数据合并在一起。在 Inquisit 中，通过菜单"File"（"Merge Data Files"选项同时打开多个数据文件，则实验软件自动将多个文件中的数据合并在一起，此时只要将合并后的数据内容另存为一个文件即可。

该方法还适用于合并任意内容的文本格式文件。

4.3.4 数据文件的加密

通过⟨data⟩标记符中的 encrpty 参数可以实现数据文件的加密，加密数据文件的扩展名为 inq，而且文件名也与纯文本格式的数据文件不同，和将数据文件保存至远程服务器类似，加密数据文件名的格式为"文件名.年月日＋随机整数，示例代码如下：

⟨data⟩
    / encrpt = true("mypassword")
⟨/data⟩

当你尝试打开加密的数据文件时，会弹出如图 4-6 所示的对话框，在该窗口内输入加密的密钥即可打开数据文件，否则数据文件将无法打开。

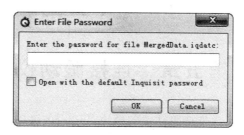

图 4-6　加密数据文件的打开窗口

习　题

1. 熟悉不同的运行方式。
2. 不同的运行方式各有何优缺点？
3. 试编制批处理文件来运行实验程序。
4. 尝试自定义中途退出键。
5. 〈monkey〉标记符的作用是什么？所记录的实验数据的特点由什么参数决定？
6. 熟悉对象浏览器的作用。
7. 通过对象浏览器运行程序中某些对象时，会记录实验数据吗？
8. 除书中所列的错误信息和错误类型外，你还遇到什么样的其他错误类型？如果有可将错误信息发送邮件至 psyfeng@gmail.com。
9. 掌握 Inquisit 所保存的数据文件格式。
10. 自定义数据文件保存格式，仅保存被试的编号（subject）、区组编号（blocknum）和试次编号（trialnum）及被试的反应时（latency）内容。
11. 试将数据文件保存到指定的目录下。
12. 对数据文件进行加密处理。
13. 如果你有服务器，进行数据文件保存至服务器的练习；如果有局域网，则使用局域网能够很轻松地收集实验数据。
14. 如果有局域网，你甚至可以不需要将程序文件复制到每一台测试用的计算机上就可以实现程序的同时运行，尝试找到解决的方法。

第五章 连接眼动仪

目前 Inquisit 3 版本包含支持眼动仪的模块,Inquisit 可以向眼动仪发送刺激呈现或被试反应等标记符(marker)或从眼动仪实时获取采集的数据等。

5.1 向眼动仪发送数据

美国 ASL 公司(Applied Scienee Laborotories)是世界上最知名的眼动仪研发厂商。在 Inquisit 中发送标记符至眼动仪时,眼动仪会将这些标记符写入到眼动仪所负责记录的数据文件中,以便于分析记录的数据,向眼动仪发送 XDAT 信号,可遵循以下步骤:

(1) 关闭眼动仪,将眼动仪提供的标有"XDAT"字样的并口线一端接到计算机的并口,另一端接至眼动仪的控制盒。

(2) 打开眼动仪。

(3) 启动 Inquisit 程序,从菜单中选择"Tools"→"Parallel Port Monitor",选择眼动仪接入的端口号及端口地址,将 Data 栏中的 2—9 线全部选中,然后单击 Send 按钮如图 5-1 所示。

(4) 运行示例程序(或至 http://www.millisecond.com/download/samples)进行测试。

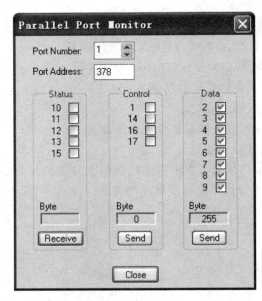

图 5-1 并口检测器

5.2 向眼动仪传送数据程序示例

程序文件名：XDAT_TEST.exp

```
<eyetracker> //眼动仪参数设置
    / file = "ASLEyeTracker.dll" //眼动仪动态链接库
    / comportnumber = "1" //串口号
    / eyeheadintegration = "false" //是否进行头部运动补偿
    / lptportnumber = "1" //并口号
</eyetracker>

<defaults> //默认参数设置
    / inputdevice = eyetracker //输入设备指定为眼动仪
    / fontstyle = ("Arial", 2.5%, true, false, false, false, 5, 0) //默认字体式样
    / txbgcolor = black //文本背景色为黑色
    / screencolor = black //屏幕颜色为黑色
    / txcolor = white //文本颜色为白色
</defaults>

<port xdat> //端口对象 XDAT
    / port = eyetracker //连接端口的设备指定为眼动仪
    / items = markers //指定信号源
    / erase = "00000000" //信号传递完毕后清零
    / select = current(number) //传递与屏幕中显示数据相匹配的二进制信号
</port>

<item markers> //信号条目库
    / 1 = "00000001"
    / 2 = "00000010"
    / 3 = "00000011"
    / 4 = "00000100"
    / 5 = "00000101"
    / 6 = "00000110"
    / 7 = "00000111"
    / 8 = "00001000"
    / 9 = "00001001"
    /10 = "00001010"
</item>
```

```
<text number>    //文本对象,该对象显示 Inquisit 系统所在计算机屏幕上
    / items = numbers    //引用 1—10 的数字
    / fontstyle = ("Arial", 20%, true, false, false, false, 5, 0)    //字体式样
    / txcolor = (255, 255, 255)    //文本颜色为白色
</text>

<item numbers>    //数字条目库
    / 1 = "1"
    / 2 = "2"
    / 3 = "3"
    / 4 = "4"
    / 5 = "5"
    / 6 = "6"
    / 7 = "7"
    / 8 = "8"
    / 9 = "9"
    / 10 = "10"
</item>

<text instructions>    //指导语文本对象
    / items = ("This script demonstrates sending XDAT signals to an ASL Eye Tracker with In-
            quisit.")
```
//本脚本程序演示了如何在 Inquisit 中向眼动仪发送 XDAT 信号

This script assumes that the Serial Out cable is plugged into COM< % eyetracker.comport-number % > on this computer, and the XDAT cable is plugged into LPT< % eyetracker.lptport-number % >. If either cable is connected to a different port, change the port number in the <eyetracker> section of the script.
//本程序假定串口线已经接入 COM1,XDAT 线已经插入 LPT1 端口。如果连接至不同的端口,请在程序中<eyetracker>代码区域设置为相应的端口号

On the following trials, a randomly selected number will be displayed on the screen and sent to the eye tracker. The XDAT number shown by the eye tracker control software should match the number on the screen. When you press the space bar, the number will disappear and the XDAT value will be set to zero for 1 second before the next number is displayed.
接下来的试次中,1—10 之间某个数字会显示在屏幕上同时向眼动仪发送信号,眼动仪控制软件所显示的数字应该与屏幕上显示的数字相匹配。当你按空格键时,屏幕上的数字消失且 XDAT 值清零,1000 毫秒后进入下一试次。

```
    When you are ready to begin, press the space bar.")
    / size = (75%, 60%) //指导语显示区域大小
    / hjustify = left //左对齐
</text>


<trial test> //数据发送测试 trial 对象
    / stimulusframes = [1 = number, xdat] //刺激设置为屏幕上显示数字和端口对象
    / validresponse = (" ") //有效按键为空格键
    / inputdevice = keyboard //输入设备为键盘
    / posttrialpause = 1000 //试次结束后暂停 1000 毫秒
</trial>

<trial instructions> //指导语 trial 对象
    / stimulusframes = [1 = instructions]
    / validresponse = (" ")
    / inputdevice = keyboard
    / recorddata = false //不记录实验数据
</trial>

<block choose> //定义实验区组
    / trials = [1 = instructions; 2—11 = test]
</block>

<expt choose> //实验对象
    / blocks = [1 = choose]
</expt>
```

5.3 眼动仪向 Inquisit 发送数据

Inquisit 可以将被试在屏幕上的注视点落入的指定区域指定为反应触发键,Inquisit 会记录被试注视的区域及注视的潜伏期(反应时),由此可以作为程序的分支控制元素。

示例程序演示了如何在程序中使用注视点信息(或至 http://www.millisecond.com/download/samples),运行该示例程序要遵循以下步骤:

(1) 按照眼动仪说明手册中说明在眼动仪眼动仪和计算机间建立串口连接。
(2) 打开示例文件。
(3) 示例程序中假设所使用的串口为 COM1,并口为 LPT1,如果你使用了不同的并口和串口,则更改以下两行的参数如图 5-2 所示:

/ comportnumber = "1"
　　/ lptportnumber = "1"

（4）运行示例程序。

（5）Inquisit 首先在屏幕上呈现 9 点校正图，然后在眼动仪控制界面中单击"Set Target Points"，按空格键继续。

（6）在眼动仪控制界面上单击"Standard Calibration"开始眼动仪校正，当被试注视某个校正点时，单击"Save Current Point"按钮，当校正完毕后，按 Inquisit 计算机上的空格键。

（7）接下来，Inquisit 在屏幕左上角呈现圆点，要求被试注视此点时按空格键。

（8）在屏幕右下角呈现圆点，被试注视此点并按空格键。

（9）最后出现示例程序的指导语，示例程序会演示如何在屏幕上显示注视光标，并且显示当前注视点的坐标值 (x, y)。

```
<eyetracker>
/ file = "ASLEyeTracker.dll"
/ comportnumber = "1"
/ eyeheadintegration = "false"
/ lptportnumber = "1"
</eyetracker>
```

图 5-2　眼动仪对象定义

5.4　接收眼动仪数据程序示例

程序名称：Asl_SerialOut.exp

⟨eyetracker⟩ //眼动仪参数设置
　　/ file = "ASLEyeTracker.dll" //指定眼动仪动态链接库
　　/ comportnumber = "1" //串口号
　　/ eyeheadintegration = "false" //不进行头部运动补偿
　　/ lptportnumber = "1" //并口号
⟨/eyetracker⟩

⟨values⟩ //自定义变量
　　/ response = " " //用于存放被试注视对象（反应）
⟨/values⟩

⟨defaults⟩ //默认参数设置
　　/ inputdevice = eyetracker //默认输入设备为眼动仪

```
  / fontstyle = ("Arial", 3%, true, false, false, false, 5, 0) //默认字体
</defaults>

<port marker> //端口对象 marker
  / port = eyetracker //端口连接设备为眼动仪
  / items = markers // 设置发送的信号(数据)
  / erase = false //不清除
  / select = sequence //按照 markers 条目库的数据顺序发送
</port>

<item markers> //数据条目库
  / 1 = "00000001"
  / 2 = "00000010"
  / 3 = "00000011"
  / 4 = "00000100"
  / 5 = "00000101"
  / 6 = "00000110"
  / 7 = "00000111"
  / 8 = "00001000"
  / 9 = "00001001"
  /10 = "00001010"
</item>

<item puppies> //图片(小狗)名称条目库
  / 1 = "puppy1.jpg"
  / 2 = "puppy2.jpg"
  / 3 = "puppy3.jpg"
  / 4 = "puppy4.jpg"
  / 5 = "puppy5.jpg"
</item>

<item kittens> //图片(小猫)名称条目库
  / 1 = "kitten1.jpg"
  / 2 = "kitten2.jpg"
  / 3 = "kitten3.jpg"
  / 4 = "kitten4.jpg"
  / 5 = "kitten5.jpg"
</item>
```

```
<picture kittens>  //图片对象(小猫)
    / items = kittens
    / position = (0%, 50%)  //显示在屏幕左侧边缘
    / size = (35%, 35%)  //图片显示尺寸
    / halign = left  //左对齐
    / select = noreplace  //无重复选择
    / erase = false  //显示完毕后不擦除图片
</picture>

<picture puppies>  //图片对象(小狗)
    / items = puppies
    / position = (100%, 50%)  //显示在屏幕的右边缘
    / halign = right  //右对齐
    / size = (35%, 35%)  //图片显示尺寸
    / select = current(kittens)  //根据当前选择的小猫的图片选择小狗,与小猫配对显示
    / erase = false
</picture>

<text spacebar>  //按键提示文本对象
    / fontstyle = ("Arial", 2%, true, false, false, false, 5, 0)
    / items = ("Press the space bar to proceed.")
    / position = (50%, 90%)
</text>

<text instructions>  //指导语文本对象
    / items = ("This script demonstrates retrieving and using gaze points from an ASL Eye
        Tracker.")
    //本示例程序演示如何从 ASL 眼动仪获取眼注视坐标及对此信息的利用

    This script assumes that the Serial Out cable is plugged into COM<% eyetracker.comport-
    number %> on this computer, and the XDAT cable is plugged into LPT<% eyetracker.lptport-
    number %>. If either cable is connected to a different port, change the port number in the
    <eyetracker> section of the script.
    //本代码假设串口线接入 COM1 端口,XDAT 数据线接入 LPT1 端口。如果上述数据线未接入上
    述端口,则在眼动仪参数设置代码区域(<eyetracker>)更改端口参数

    On each trial two pictures will be appear on the left and right of the screen. If you look
    at either of the pictures, the other picture disappears and is replaced with a summary of
```

data from that trial.
//每次试次中两张图片呈现在屏幕的左右两侧,如果你眼睛注视任何一侧的图片,另一侧的图片就会被替换为汇兑信息

When you are ready to begin, press the space bar.")
/ size = (75%, 60%) //指导语显示区域大小
/ hjustify = left //指导语对齐方式
</text>

<item feedback> //反馈信息条目对象
/ 1 = "Picture preference:〈% values.response %〉 //读取自定义变量 response 中的内容
Response time:〈% trial.choose.latency %〉ms //眼睛注视某图片的潜伏期
X coordinate:〈% eyetracker.lastx %〉px //眼动仪获取的眼睛注视的屏幕坐标 X 值
Y coordinate:〈% eyetracker.lasty %〉px //眼动仪获取的眼睛注视的屏幕坐标 Y 值
Pupil width:〈% eyetracker.lastpupilwidth %〉 //瞳孔直径
Max pupil width:〈% eyetracker.maxpupilwidth %〉 //此过程中最大瞳孔直径
Min pupil width:〈% eyetracker.minpupilwidth %〉" //此过程中最小瞳孔直径
</item>

<shape eraseleft> //用于擦除左侧的图片的 shape 对象
/ shape = rectangle //指定形状为矩形
/ size = (50%, 100%) //矩形尺寸为屏幕的一半宽,与屏幕等高
/ position = (0%, 50%) //位置
/ halign = left //与基准点左对齐
/ color = white //矩形填充颜色为白色
</shape>

<text feedbackright> //显示在右侧的反馈文本对象
/ items = feedback
/ position = (98%, 50%) //显示在屏幕右侧
/ halign = right //以基准点右对齐
/ size = (35%, 35%) //显示区域大小
/ hjustify = left //文本对齐方式(左对齐)
</text>

<shape eraseright> //用于擦除右侧图片的 shape 对象
/ shape = rectangle //形状为矩形
/ size = (50%, 100%) //尺寸

```
            / position = (100%, 50%)  //位置
            / halign = right  //右对齐
            / color = white  //白色矩形
</shape>

<text feedbackleft>  //显示在屏幕左侧的反馈文本对象
        / items = feedback
        / position = (2%, 50%)
        / size = (35%, 35%)
        / halign = left
        / hjustify = left
</text>

<trial choose>  //图片选择 trial 对象
        / stimulustimes = [1 = kittens, puppies, marker]  //指定刺激为小猫和小狗图片及端口对
                                                           象 marker
        / validresponse = (puppies, kittens)  //只有注视图片才作为有效反应
        / ontrialend = [ if (trial.choose.response == "puppies") values.response = "puppy"
                         else values.response = "kitten"]  //根据注视对象不同,对自定义变量 re-
                sponse 进行赋值
        / branch = [if ( trial.choose.response == "puppies" ) trial.feedbackleft else trial.
                feedbackright]  //根据注视对象不同,显示相应的反馈信息
</trial>

<trial feedbackleft>  //左侧反馈 trial 对象
        / stimulustimes = [1 = eraseleft, feedbackleft; 2000 = spacebar]  //先擦除左侧图片,然后
                                                                            显示反馈信息
        / validresponse = (" ")  //空格键终止
        / inputdevice = keyboard  //输入设备为键盘
        / recorddata = false  //不记录实验数据
</trial>

<trial feedbackright>  //右侧反馈 trial 对象
        / stimulustimes = [1 = eraseright, feedbackright; 2000 = spacebar]
        / validresponse = (" ")
        / inputdevice = keyboard
        / recorddata = false
</trial>
```

```
<trial instructions> //指导语 trial 对象
    / stimulusframes = [1 = instructions]
    / validresponse = (" ")
    / inputdevice = keyboard
    / recorddata = false
</trial>

<block choose> //实验区组
    / trials = [1 = instructions; 2—11choose] //先呈现指导语,然后进行 11 次试次
</block>

<expt choose> //实验对象
    / blocks = [1 = choose]
</expt>
```

习　题

1. 查阅相关眼动仪的资料,目前国内常用的眼动仪的型号有多少?
2. 如何使用眼动仪,根据本章中介绍的方法进行眼动仪的连接和测试。
3. 根据 5.4 中的程序,编制情绪图片对眼动影响的一个实验程序。

第六章 对象属性

6.1 引用对象属性

1. 有对象名称的属性引用格式

有对象名称的属性的引用要使用点"."运算符,其一般格式为:对象标记.对象名称.属性,例如我们定义了名为 wordlist 的条目库:

```
〈item wordlist〉
    /1 = "森林"
    /2 = "火车"
    ……
    /3 = "楼房"
〈/item〉
```

如果要引用其中的第 2 个条目,则可以写为:
item.wordlist.2 //item 为对象标记;wordlist 为对象名称;2 表示其中的第 2 个条目

2. 没有对象名称的属性引用格式

有些标记符没有对象名称,此时属性的引用格式为:对象标记.属性

3. 字符串中引用对象的属性

如果要在字符串中引用对象的属性,则必须将其置于"〈% %〉"标记符内,需要注意的是"%"与"〈"或"%"与"〉"符号间不能有空格,否则会出现错误或显示不正确。

这一类对象元素包括:〈values〉、〈expression〉、〈data〉、〈computer〉、〈monkey〉、〈display〉、〈script〉、〈batch〉、〈include〉、〈defaults〉、〈variables〉、〈instruct〉。

不同的对象具有不同的属性,即使不同对象具有相同的属性,其含义也因对象的不同而不同,6.2 节列出了不同对象的属性。

6.2 系统属性

6.2.1 系统属性列表

1.〈computer〉属性

```
computer.availablememory //可用内存(以字节为单位)
computer.cpuspeed //CPU 处理器的速度
```

computer.ipaddress //计算机的 IP 地址
computer.language //操作系统语言
computer.languagecode //两字符表示的语言代码,如 zh 表示中文
computer.languageid //国际标准化组织确定的不同语言的代码
computer.macaddress //计算机网卡的物理地址
computer.memory //计算机的内存
computer.os //操作系统
computer.osmajorversion //操作系统的主版本号
computer.osminorversion //操作系统的次版本号
computer.timerresolution //系统时钟的时间精度

2. ⟨display⟩属性

display.canvasheight //画布高度(以像素为单位),受 canvassize,canvasposition 和 canva-
　　　　　　　　　　saspectration 参数的影响
display.canvaswidth //画布宽度(以像素为单位)
display.colordepth //显示器屏幕的色深,16 位,24 位还是 32 位
display.height //显示器屏幕的高度(单位像素)
display.refreshinterval //屏幕刷新间隔
display.refreshrate //显示器屏幕的刷新频率(单位 Hz)
display.width //显示器屏幕的宽度(单位像素)

3. ⟨joystick⟩属性

joystick.button //游戏杆某按钮是否压下,使用(.)引用符指定某按钮
joystick.pov //视点值(Point of View)
joystick.rx //沿 X 轴的旋转值
joystick.ry //沿 Y 轴的旋转值
joystick.rz //沿 Z 轴的旋转值
joystick.slider //滑块值(取值范围介于 -1000~1000 之间,0 表示中间位置)
joystick.x //光标 X 坐标
joystick.y //光标 Y 坐标
joystick.z //光标 Z 坐标

4. ⟨systembeep⟩属性

systembeep.duration //系统哔哔声持续时间(250 ms)
systembeep.frequency //系统哔哔声的频率(750 Hz)
systembeep.name //对象名称(返回 systembeep)
systembeep.playthrough
systembeep.selectedindex
systembeep.selectedvalue

systembeep.stimulusonset
systembeep.typename //对象类型名称（返回 systembeep）

6.3 属性示列

6.3.1 系统信息程序示例

本示例程序主要演示了如何利用 Inquisit 提供的计算机对象〈computer〉来获取系统信息。

程序 exp28.exp 在指导语页面中显示计算机的系统信息，代码如下：

```
系统信息
************************
<expressions> //自定义表达式
    /memory = format("%8.2f",computer.memory/1000) //以兆为单位的计算机物理内存
    /availablememory = format("%8.2f",computer.availablememory/1000) //可用内存
    /cpuspeed = format("%8.2f",computer.cpuspeed/1000) //CPU 速度
    /resolution = format("%.11f",computer.timerresolution) //时钟分辨率
</expressions>

<page info>
    你所使用的操作系统为：<%computer.os%><%computer.osmajorversion%>.<%computer.osminorversion%>^
    操作系统的语言为：<%computer.language%>^
    操作系统的语言代码为：<%computer.languagecode%>^
    计算机的 IP 地址为：<%computer.ipaddress.1%>^
    计算机网卡物理地址为：<%computer.macaddress.1%>^
    处理器的速度为：<%expressions.cpuspeed%>GHz.^
    计算机内存为：<%expressions.memory%>MB^
    可用内存为：<%expressions.availablememory%>MB^
    系统的时间精度为：<%computer.timerresolution%>^
    ----------------------^
    显示器的分辨率为：<%display.width%>X<%display.height%>^
    显示器的刷新频率为：<%display.refreshrate%>Hz^
    显示器的颜色位数为：<%display.colordepth%>
</page>

------------------------
定义实验
------------------------

<expt>
    /preinstructions = (info)
```

</expt>

程序运行结果如图 6-1 所示：

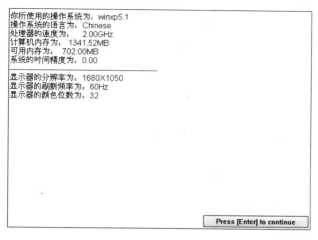

图 6-1　程序运行结果

6.3.2　选择反应时(听觉通道)程序示例

本示例程序演示了如何利用系统提供的<systembeep>实现不同频率(音调)的声音刺激的呈现,并通过选择反应时来完成。程序 exp29.exp 代码如下：

选择反应时(听觉)
****
<item tips>//提示条目库
　　/1="注意听高频音,按任意键继续"
　　/2="注意听中频音,按任意键继续"
　　/3="注意听低频音,按任意键继续"
</item>

定义刺激

<text tips>//提示文本对象
　　/ items = tips
　　/ txcolor = white
　　/ select = sequence
　　/ erase = false
</text>

定义试次

```
<trial beeps> //利用系统哔哔声定义的试次对象
    / pretrialpause = 0 //开始执行前暂停0毫秒
    / ontrialbegin = [if (text.tips.currentitemnumber = = 1) systembeep.frequency = 2000]
                //如果提示文本的序号为1,则将声音的频率设置为2000Hz(高频音)
    / ontrialbegin = [if (text.tips.currentitemnumber = = 2) systembeep.frequency = 1000]
                //如果提示文本的序号为1,则将声音的频率设置为1000Hz(中频音)
    / ontrialbegin = [if (text.tips.currentitemnumber = = 3) systembeep.frequency = 300] //
                如果提示文本的序号为1,则将声音的频率设置为300Hz(低频音)
    / stimulustimes = [1 = systembeep]
    / validresponse = (anyresponse) //任意按键均为有效按键
</trial>
<trial tips> //提示试次对象
    / pretrialpause = 0
    / stimulustimes = [1 = tips]
    / timeout = 2000 //提示信息呈现2秒钟
</trial>
<trial highbeep> //高频音调
    / ontrialbegin = [systembeep.frequency = 2000] //频率为2000 Hz
    / ontrialbegin = [systembeep.duration = 100] //播放100 ms
    / stimulustimes = [1 = systembeep]
    / correctresponse = ("1") //正确按键为数字键1
    / validresponse = ("1","2","3") //有效按键为数字键1、2和3
</trial>
<trial midbeep> //中频音调
    / ontrialbegin = [systembeep.frequency = 1000]
    / ontrialbegin = [systembeep.duration = 100]
    / stimulustimes = [1 = systembeep]
    / correctresponse = ("2")
    / validresponse = ("1","2","3")
</trial>
<trial lowbeep> //低频音调
    / ontrialbegin = [systembeep.frequency = 300]
    / ontrialbegin = [systembeep.duration = 100]
    / stimulustimes = [1 = systembeep]
    / correctresponse = ("3")
    / validresponse = ("1","2","3")
```

```
</trial>
```

定义区组

```
<block tips> //指导语区组对象
    / preinstructions = (intro1) //首先是指导语
    / trials = [1,3,5 = tips;2,4,6 = beeps] //提示和不同音调的声音相继呈现
</block>
<block rt> //反应时区组对象
    / preinstructions = (intro2) //指导语
    / onblockbegin = [text.tips.item = ("+")] //将提示文本对象内容置为"+"
    / bgstim = (tips) //屏幕上始终呈现提示信息
    / trials = [1—30 = noreplace(highbeep,midbeep,lowbeep)] //包含 30 次试次,3 个不同音调
        各 10 次
</block>
```

定义实验

```
<expt rt> //实验对象
    / preinstructions = (intro) //指导语
    / blocks = [1 = tips;2 = rt] //包含两个 block,一为让被试熟悉 3 个音调,二为选择反应
    / postinstructions = (result) //实验结束后汇总信息页面
</expt>
<page intro> //实验指导语
    你会听到三个不同频率的声音,当你听到高频声音时,快速按小键盘上的数字键"1",中频对应
数字键"2",低频对应数字键"3".
</page>
<page intro1> //音调熟悉指导语
    接下来先熟悉三个频率的声音!
</page>
<page intro2> //选择反应时指导语
    下面开始正式实验,请做好按键准备,高频按"1",中频按"2",低频按"3"。
</page>
<page result> //汇总页面
    高频平均反应时:<%trial.highbeep.meanlatency%>毫秒。
    ~中频平均反应时:<%trial.midbeep.meanlatency%>毫秒。
    ~低频平均反应时:<%trial.lowbeep.meanlatency%>毫秒。
    ~
```

高频正确率：〈%trial.highbeep.percentcorrect%〉%。
~中频正确率：〈%trial.midbeep.percentcorrect%〉%。
~低频正确率：〈%trial.lowbeep.percentcorrect%〉%。
〈/page〉
〈expressions〉//自定义表达式
　　/ interval = noreplace(500, 1000, 1500, 2000) //随机取 500、1000、1500 和 2000 毫秒作为时间间隔
〈/expressions〉

默认设置

〈defaults〉//默认参数设置
　　/ posttrialpause = 1000 //单次试次结束后，暂停 1000 毫秒
　　/ pretrialpause = expressions.interval //单次试次开始前，暂停 500、1000、1500 和 2000 毫秒不等时间
　　/ screencolor = black
　　/ txbgcolor = black
　　/ txcolor = white
　　/ fontstyle = ("宋体",3%)
〈/defaults〉

6.4 实验构成元素属性

下面列出实验构成各元素的属性，并对其加以注解。

6.4.1 各元素属性列表

1. 〈block〉属性

block.blockname.correct //blockname 区组中被试前一次反应的正确性，1 表示正确，0 表示错误
block.blockname.correctcount //blockname 区组中被试正确反应的次数
block.blockname.correctstreak //被试目前连续正确的次数
block.blockname.count //目前由 blockname 指定的区组运行的次数
block.blockname.currentblocknumber //当前运行的区组的序号
block.blockname.currenttrialnumber //blockname 区组运行的试次序号，如果某区组运行多次，则 currenttrialnumber 并不连续编号，即每次区组开始时，currenttrialnumber 重新编号
block.blockname.elapsedtime //区组开始至目前所经过的时间（单位毫秒）
block.blockname.error //被试前一次反应是否为错误，1 表示错误，0 表示正确

block.blockname.errorcount //区组中被试错误反应的次数
block.blockname.errorstreak //被试目前连续错误的次数
block.blockname.inwindow //前一次反应是否介于反应窗内,1 表示介于反应窗之内,0 表示之外,
　　　　　　　　　　　　需要将 response 参数设置为 window 或定义的 response 对象,参见
　　　　　　　　　　　　2.1.1 或 2.3.3
block.blockname.latency //本区组中前一次反应的反应时
block.blockname.maxlatency //截至目前最长的反应时,每次区组开始重新计时
block.blockname.meanlatency //截至目前区组中的平均反应时
block.blockname.medianlatency //截至目前区组中反应时的中位数
block.blockname.minlatency //截至目前最短的反应时,每次区组开始重新计时
block.blockname.name //区组的名称
block.blockname.next //下一个区组
block.blockname.numinwindow //被试的反应时介于反应窗的次数
block.blockname.percentcorrect //本区组中被试反应的正确率
block.blockname.percentinwindow //被试的反应时介于反应窗中比例
block.blockname.recorddata //是否设置了数据保存,1 表示记录,0 表示不记录
block.blockname.response //被试的按键反应的扫描码
block.blockname.screencolor //屏幕颜色
block.blockname.screencolorblue //屏幕颜色的 B 值
block.blockname.screencolorgreen //屏幕颜色的 G 值
block.blockname.screencolorred //屏幕颜色的 R 值
block.blockname.sdlatency //目前为止反应时的标准差
block.blockname.showmousecursor //是否显示鼠标,false 表示不显示,true 表示显示
block.blockname.sumlatency //目前为止反应时的总和
block.blockname.totalcorrectcount //目前为止反应正确的总次数(累积值)
block.blockname.totalcount //以区组为单位目前已运行的次数
block.blockname.totalerrorcount //错误次数
block.blockname.totalmaxlatency //所有反应时中的最大值
block.blockname.totalmeanlatency //目前为止所有反应时的平均值
block.blockname.totalmedianlatency //目前为止所有反应时的中位数
block.blockname.totalminlatency //目前为止所有反应时中的最小值
block.blockname.totalnuminwindow //所有反应时中介于反应时间窗内的总次数
block.blockname.totalpercentcorrect //所有正确反应时的百分比
block.blockname.totalpercentinwindow //所有反应时介于反应窗的百分比
block.blockname.totalsdlatency //所有反应时的标准差
block.blockname.totalsumlatency //所有反应时的总和
block.blockname.totaltrialcount //目前运行的属于该区组的总试次次数
block.blockname.totalvarlatency //所有反应时的方差

block.blockname.trialcount //目前运行的试次次数,独立计数
block.blockname.trialscount //区组中包含的试次次数
block.blockname.typename //对象类别名称
block.blockname.varlatency //目前被试反应时的方差(独立计算)

2. <clock>属性

clock.clockname.currenttime //时钟的当前时间
clock.clockname.elapsedtime //自开始计时所经过的时间
clock.clockname.erase //试次结束后是否擦除时钟
clock.clockname.erasecolor //擦除颜色
clock.clockname.erasecolorblue //擦除颜色的B值
clock.clockname.erasecolorgreen //擦除颜色的G值
clock.clockname.erasecolorred //擦除颜色的R值
clock.clockname.fontheight //字体高度
clock.clockname.height //高度值
clock.clockname.hposition //水平基准点
clock.clockname.name //时钟对象名称
clock.clockname.remainingtime //剩余的时间
clock.clockname.skip //是否省略
clock.clockname.stimulusonset //刺激显示时的时间
clock.clockname.textbgcolor //文本背景颜色
clock.clockname.textbgcolorblue //文本背景颜色B值
clock.clockname.textbgcolorgreen //文本背景颜色G值
clock.clockname.textbgcolorred //文本背景颜色R值
clock.clockname.textcolor //文本颜色
clock.clockname.textcolorblue //文本颜色B值
clock.clockname.textcolorgreen //文本颜色G值
clock.clockname.textcolorred //文本颜色R值
clock.clockname.timeout //超时时限
clock.clockname.typename //对象类别名称
clock.clockname.vposition //竖直基准点
clock.clockname.width //宽度

clock对象还包括3个函数,pause(暂停),start(开始计时)和时间重置(resettime)。

3. 〈counter〉属性

counter.countername.currentitem //计数池中的当前对象
counter.countername.currentitemnumber //计数池中当前的条目
counter.countername.itemcount //计数池包含的条目数

counter.countername.item //计数池中对象
counter.countername.name //计数器对象名
counter.countername.selectedcount //目前被选中的条目数
counter.countername.selectedindex //被选中的条目的序号
counter.countername.selectedvalue //计数池中当前被选中的值
counter.countername.selectionmode //计数器的选择模式
counter.countername.selectionrate //选择频率
counter.countername.typename //对象类型
counter.countername.unselectedcount //目前未被选中的条目数

4. 〈defaults〉属性

display.canvassize //设置默认画布大小,注意太小时会无法显示刺激
display.canvas.canvasposition //设置画布的位置,(0,0)表示左上角
display.canvasaspectration //设置画布的宽和高,同样会影响刺激的显示
defaults.finishpage //设置完成时的网页网址,仅适用于网络被试
defaults.fontheight //默认的字体高度
defaults.hposition //默认的对象显示的水平基准点
defaults.name //对象名(返回 defaults)
defaults.posttrialpause //默认试次结束后暂停的时间(单位毫秒)
defaults.pretrialpause //默认试次开始前,暂停的时间(单位毫秒)
defaults.typename //对象类型(返回 defaults)
defaults.vposition //默认对象显示的竖直基准点
defaults.windowcenter //默认反应窗的时间中点
defaults.windowdecunit //反应窗时间递减的幅度(单位毫秒)
defaults.windowhitduration //击中反应后的反馈信息的呈现时间
defaults.windowincunit //反应窗时间递增的幅度(单位毫秒)
defaults.windowmaxcenter //反应窗时间中点的最大值
defaults.windowmincenter //反应窗时间中点的最小值
defaults.windowoffset //反应窗的终止时刻
defaults.windowonset //反应窗的起始时刻
defaults.windowwidth //反应窗的宽度

5. 〈expressions〉属性

expressions.expressionname1 //返回 expressionname1 中定义的表达式
expressions.expressionname2 //返回 expressionname2 中定义的表达式
expressions.expressionname3 //返回 expressionname3 中定义的表达式
expressions.name //对象的名称(返回 expressions)
expressions.typename //对象的类型(返回 expressions)

6. 〈expt〉属性

expt.exptname.blockcount //实验中包含的区组数
expt.exptname.correct //被试前一次反应的正确性,1 表示正确,0 表示错误
expt.exptname.correctcount //被试正确反应的次数
expt.exptname.correctstreak //截至目前被试连续反应正确的次数
expt.exptname.count //目前已运行次数
expt.exptname.currentblocknumber //当前正在运行的区组号
expt.exptname.currentgroupnumber //被试间设计中,当前正在运行的分组组号
expt.exptname.currenttrialnumber //当前试次编号
expt.exptname.elapsedtime //从实验开始至目前经过的时间
expt.exptname.error //前一次反应错误与否,1 表示错误,0 表示正确
expt.exptname.errorcount //被试错误反应的次数
expt.exptname.errorstreak //截至目前被试连续错误的次数
expt.exptname.groupcount //被试分组数
expt.exptname.inwindow //前一次反应是否在反应时间窗,1 表示是,2 表示否
expt.exptname.latency //前次反应的反应时
expt.exptname.maxlatency //截至目前最长的反应时
expt.exptname.meanlatency //截至目前的平均反应时
expt.exptname.medianlatency //截至目前的反应时的中位数
expt.exptname.minlatency //截至目前最短的反应时
expt.exptname.name //实验的名称
expt.exptname.next //下一个实验
expt.exptname.numinwindow //反应时介于反应窗中的次数
expt.exptname.percentcorrect //反应正确的百分比
expt.exptname.percentinwindow //反应时介于反应窗中百分比
expt.exptname.recorddata //是否记录数据,1 表示记录,0 表示不记录
expt.exptname.response //被试上次反应的反应键,返回值为扫描码、鼠标事件名或其他输入设备的事件名
expt.exptname.responsex //前次反应结束时的鼠标 X 坐标
expt.exptname.responsey //前次反应结束时的鼠标 Y 坐标
expt.exptname.screencapture //指定是否截取屏幕快照,保存的 BMP 文件存于 screencaptures 目录下,true 表示截取,默认不截取
expt.exptname.sdlatency //截至目前反应时的标准差
expt.exptname.sumlatency //截至目前反应时的总和
expt.exptname.totalcorrectcount //目前正确反应的总次数
expt.exptname.totalcount //目前实验对象已经运行的总次数
expt.exptname.totalerrorcount //目前错误反应的总次数
expt.exptname.totalmaxlatency //目前所有反应时的最大值

expt.exptname.totalmeanlatency //目前所有反应时的平均值
expt.exptname.totalmedianlatency //目前所有反应时的中位数
expt.exptname.totalminlatency //目前所有反应时中的最小值
expt.exptname.totalnuminwindow //反应时介于反应窗中的总次数
expt.exptname.totalpercentcorrect //所有正确反应的百分比
expt.exptname.totalpercentinwindow //所有介于反应窗的次数的百分比
expt.exptname.totalsdlatency //所有反应时的标准差
expt.exptname.totalsumlatency //所有反应时的总和
expt.exptname.totaltrialcount //目前运行的试次的总次数
expt.exptname.totalvarlatency //所有反应时的方差
expt.exptname.trialcount //当前区组中运行的试次的次数
expt.exptname.typename //对象类型名称(返回 expt)
expt.exptname.varlatency //当前区组中反应时的方差

7.〈htmlpage〉属性

htmlpage.htmlpagename.file //返回网页页面对象 htmlpagename 中指定的网页文件
htmlpage.htmlpagename.name //返回网页页面对象名称(即 htmlpagename)
htmlpage.htmlpagename.typename //返回网页页面对象的类型名

8.〈include〉属性

include.file //获取所引用的文件
include.name //返回对象名
include.typename //返回对象类型名

9.〈instruct〉属性

instruct.backlabel //内置指导语页面中后退键标签
instruct.finishlabel //内置指导语页面中完成键标签
instruct.fontheight //内置指导语页面中字体的高度
instruct.height //内置指导语页面显示区域的高度
instruct.name //对象名称(返回 instruct)
instruct.nextlabel //内置指导语页面中前进键标签
instruct.screencolor //内置指导语页面屏幕颜色
instruct.screencolorblue //屏幕颜色的蓝原色
instruct.screencolorgreen //屏幕颜色的绿原色
instruct.screencolorred //屏幕颜色的红原色
instruct.textcolor //内置指导语页面中的文本颜色
instruct.textcolorblue //文本颜色的蓝原色
instruct.textcolorgreen //文本颜色的绿原色
instruct.textcolorred //文本颜色的红原色

instruct.timeout //内置指导语页面的超时时限
instruct.typename //对象类型名称(返回 instruct)
instruct.wait //跳转到下一指导语页面等待的时间
instruct.width //内置指导语显示区域的宽度

10 〈list〉属性

list.listname.currentindex //列表对象的当前索引号
list.listname.currentvalue //列表对象的当前值
list.listname.itemcount //列表对象包含的项目数
list.listname.itemprobabilities //列表对象的不同条目的概率值
list.listname.items //列表对象的条目组合
list.listname.maxrunsize //列表对象中某条目可被连续选中的最大次数
list.listname.name //列表对象名称
list.listname.nextindex //列表对象下一个索引
list.listname.nextvalue //列表对象下一个值
list.listname.poolitems //列表对象选择池
list.listname.poolsize //列表对象的选择池大小
list.listname.replace //是否替换性选择
list.listname.selectedcount //已经选择的条目数
list.listname.selectionmode //选择模式,0 表示正态分布,1 表示顺序选择,2 表示均匀分布,3 表示表达式
list.listname.selectionrate //选择频率
list.listname.typename //对象类别名称
list.listname.unselectedcount //未选择的条目数

11. 〈likert〉属性

likert.likertname.anchorwidth //利克特对象刻度的宽度
likert.likertname.beginresponseframe //被试可进行反应(回答)起始时间(单位帧)
likert.likertname.beginresponsetime //被试可进行反应的起始时间(单位毫秒)
likert.likertname.correct //前一次反应的正确性,1 表示正确,0 表示错误
likert.likertname.correctcount //正确反应的次数
likert.likertname.correctstreak //连续正确反应的次数
likert.likertname.count //利克特对象执行的次数
likert.likertname.error //前一次反应的错误性,1 表示错误,0 表示正确
likert.likertname.errorcount //错误反应的次数
likert.likertname.errorstreak //连续错误的次数
likert.likertname.fontheight //刻度标签的显示字体的高度
likert.likertname.hposition //水平基准点位置
likert.likertname.inputmask //串口或并口输入设备的屏蔽码

likert.likertname.inwindow //前一次反应是否介于时间窗范围
likert.likertname.latency //前一次反应的反应时
likert.likertname.maxlatency //截至目前反应时的最大值
likert.likertname.meanlatency //截至目前反应时的均值
likert.likertname.medianlatency //截至目前反应时的中位数
likert.likertname.minlatency //截至目前反应时的最小值
likert.likertname.name //利克特对象的名称
likert.likertname.numinwindow //反应时介于反应时间窗内的次数
likert.likertname.numpoints //级点量表的级点数,即 5 点还是 7 点或 9 点等
likert.likertname.percentcorrect //截至目前反应的正确率
likert.likertname.percentinwindow //反应时介于反应时间窗的百分比
likert.likertname.posttrialpause //单次试次结束后暂停时间
likert.likertname.pretrialpause //试次开始前的暂停时间
likert.likertname.response //被试的选项(如果 likert 对象设置了 buttonvalue 参数,则为该参
　　　　　　　　　　　　　　数的对应值)
likert.likertname.responsex //鼠标 X 坐标
likert.likertname.responsey //鼠标 Y 坐标
likert.likertname.scalewidth //利克特对象的显示宽度
likert.likertname.sdlatency //截至目前反应时的标准差
likert.likertname.sumlatency //截至目前反应时总和
likert.likertname.totalcorrectcount //所有正确反应的次数
likert.likertname.totalcount //目前运行的总次数
likert.likertname.totalerrorcount //所有错误反应的次数
likert.likertname.totalmaxlatency //所有反应时中的最大值
likert.likertname.totalmeanlatency //所有反应时的均值
likert.likertname.totalmedianlatency //所有反应时的中位数
likert.likertname.totalminlatency //所有反应时中的最小值
likert.likertname.totalnuminwindow //反应时介于反应时间窗的总次数
likert.likertname.totalpercentcorrect //所有正确反应的百分比
likert.likertname.totalpercentinwindow //反应时介于反应时间窗的百分比
likert.likertname.totalsdlatency //所有反应时的标准差
likert.likertname.totalsumlatency //所有反应时的总和
likert.likertname.totaltrialcount //目前执行的所有次数
likert.likertname.totalvarlatency //所有反应时的方差
likert.likertname.trialcode //试次代码
likert.likertname.trialcount //当前区组中对象运行的次数
likert.likertname.trialduration //试次的持续时间
likert.likertname.typename //对象类型名(返回利克特)

likert.likertname.varlatency //当前区组中反应时的方差
likert.likertname.vposition //竖直基准点的位置

12.〈item〉属性

item.itemname.item //返回条目库中的条目集合,如果要引用其中的某个条目,则使用点运算符".",在其后加上引用条目的序号
item.itemname.itemcount //条目库中包含的条目数
item.itemname.name //条目对象的名称
item.itemname.typename //返回对象类型名(item)

13.〈monkey〉属性

monkey.maxlatency //最长反应时
monkey.meanlatency //反应时的均值
monkey.minlatency //最短反应时
monkey.monkeymode //是否处于monkey运行模式下
monkey.percentcorrect //正确反应的百分比
monkey.sdlatency //反应时的标准差

14.〈openended〉属性

openended.openendedname.beginresponseframe //被试填写答案的起始时间(单位帧)
openended.openendedname.beginresponsetime //被试填写答案的起始时间(单位毫秒)
openended.openendedname.buttonlabel //按钮标签
openended.openendedname.charlimit //输入最长的字符数
openended.openendedname.correct //被试上次的输入是否正确
openended.openendedname.correctcount //正确回答的次数
openended.openendedname.correctstreak //连续正确回答的次数
openended.openendedname.count //当前区组中对象运行的次数
openended.openendedname.error //被试上次的输入是否错误
openended.openendedname.errorcount //错误回答的次数
openended.openendedname.errorstreak //连续错误的次数
openended.openendedname.fontheight //字体高度
openended.openendedname.height //输入框的高度
openended.openendedname.hposition //水平基准点位置
openended.openendedname.inputmask //输入掩码
openended.openendedname.inwindow //上次输入反应是否在时间窗内
openended.openendedname.latency //输入答案的反应时
openended.openendedname.maxlatency //截至目前反应时中的最大值
openended.openendedname.meanlatency //平均反应时
openended.openendedname.medianlatency //截至目前反应时的均值

openended.openendedname.minlatency //截至目前反应时中的最小值
openended.openendedname.multiline //是否允许多行输入,返回值 1 或 0
openended.openendedname.name //对象的名称
openended.openendedname.numinwindow //反应时介于反应窗内的次数
openended.openendedname.percentcorrect //正确回答的次数
openended.openendedname.percentinwindow //反应时介于反应窗内的百分比
openended.openendedname.posttrialpause //试次结束后的暂停时间
openended.openendedname.pretrialpause //试次开始前的暂停时间
openended.openendedname.required //被试是否必须反应,true 表示必须,false 表示可选
openended.openendedname.response //被试输入的答案
openended.openendedname.responsex //鼠标 X 坐标
openended.openendedname.responsey //鼠标 Y 坐标
openended.openendedname.sdlatency //目前反应时的标准差
openended.openendedname.sumlatency //目前反应时之和
openended.openendedname.totalcorrectcount //截至目前输入的正确答案的总次数
openended.openendedname.totalcount //目前运行的总次数
openended.openendedname.totalerrorcount //截至目前错误输入的总次数
openended.openendedname.totalmaxlatency //截至目前所有反应时中的最大值
openended.openendedname.totalmeanlatency //截至目前所有反应时的均值
openended.openendedname.totalmedianlatency //截至目前所有反应时的中位数
openended.openendedname.totalminlatency //截至目前所有反应时的最小值
openended.openendedname.totalnuminwindow //反应时介于时间窗的总次数
openended.openendedname.totalpercentcorrect //所有反应中正确反应的百分比
openended.openendedname.totalpercentinwindow //反应时介于时间窗内的百分比
openended.openendedname.totalsdlatency //所有反应时的标准差
openended.openendedname.totalsumlatency //所有反应时之和
openended.openendedname.totaltrialcount //目前运行总次数
openended.openendedname.totalvarlatency //所有反应时的方差
openended.openendedname.trialcode //对象代码
openended.openendedname.trialcount //当前区组中对象运行次数
openended.openendedname.trialduration //试次持续时间
openended.openendedname.typename //对象类型名称(返回 openended)
openended.openendedname.varlatency //当前区组中反应时的方差
openended.openendedname.vposition //竖直基准点的位置
openended.openendedname.width //文本输入框的宽度

15. 〈page〉属性

page.pagename.content //页面内容
page.pagename.expression //页面中嵌入的表达式

page.pagename.name //返回对象的名称

page.pagename.typename //返回对象类型名（page）

16. 〈picture〉属性

picture.picturename.currentitem //返回图片对象的当前条目（图片文件名称）

picture.picturename.currentitemnumber //返回图片对象当前条目序号

picture.picturename.erase //试次结束后是否擦除对象，1 表示擦除，0 表示不擦除

picture.picturename.erasecolorblue //擦除所用颜色的蓝原色（0—255）

picture.picturename.erasecolorgreen //擦除所用颜色的绿原色（0—255）

picture.picturename.erasecolorred //擦除所用颜色的红原色（0—255）

picture.picturename.height //图片显示的高度

picture.picturename.hposition //水平基准点的位置

picture.picturename.item //返回图片对象的条目集合，引用其中之一，使用点运算符

picture.picturename.itemcount //图片对象的条目数

picture.picturename.name //图片对象名

picture.picturename.nextindex //下一个索引值

picture.picturename.nextvalue //下一个值

picture.picturename.resetinterval //重置计数器前所运行的区组数

picture.picturename.selectedcount //被选中的无重复的条目数

picture.picturename.selectedindex //被选中条目的序号（以 0 开始计）

picture.picturename.selectedvalue //被选中的值

picture.picturename.stimulusonset //刺激开始呈现时间

picture.picturename.typename //对象类型名（返回 picture）

picture.picturename.unselectedcount //还未被选中的条目数

picture.picturename.vposition //图片显示位置的竖直基准点

picture.picturename.width //图片显示的宽度

17. 〈response〉属性

response.responsename.name //对象名称

response.responsename.timeout //超时时限

response.responsename.typename 对象类型名（返回 response）

response.responsename.windowcenter //反应时间窗的中点

response.responsename.windowdecthreshold //时间窗降低的临界条件

response.responsename.windowdecunit //时间窗降低的单位

response.responsename.windowhitduration //在反应窗内击中对象后反馈信息呈现时间

response.responsename.windowincthreshold //时间窗增加的临界条件

response.responsename.windowincunit //时间窗增加的单位

response.responsename.windowmaxcenter //时间窗最大的中点

response.responsename.windowmincenter //时间窗最小的中点

response.responsename.windowoffset //时间窗结束的时间
response.responsename.windowonset //时间窗开始的时间
response.responsename.windowwidth //时间窗的宽度

18.〈script〉属性

script.currentblock //当前运行的区组的名称
script.curentblocknumber //当前运行的区组的编号
script.currentexpt //当前运行的实验名称,如果没有定义名称,则返回(unknown)
script.currenttime //当前时间(小时:分钟:秒)
script.currenttrial //当前运行的试次的名称
script.currenttrialnumber //当前运行的试次的编号
script.elapsedtime //脚本开始运行至目前所经过的时间(毫秒)
script.filename //脚本(程序)文件名
script.fullpath //脚本(程序)文件包含全路径的文件名
script.groupassignmentcode //用于被试随机分配时的随机生成的数值
script.groupid //被试组号
script.startdate //脚本开始的日期
script.starttime //脚本开始的时间
script.subjectid //被试编号
script.trialcount //已经运行的试次次数

19.〈shape〉属性

shape.shapename.color //形状对象的颜色
shape.shapename.colorblue //形状对象颜色的蓝原色
shape.shapename.colorgreen //形状对象颜色的绿原色
shape.shapename.colorred //形状对象颜色的红原色
shape.shapename.currentindex //当前索引号
shape.shapename.currentvalue //当前值
shape.shapename.erase //试次结束后是否擦除对象
shape.shapename.erasecolorblue //擦除颜色的蓝原色
shape.shapename.erasecolorgreen //擦除颜色的绿原色
shape.shapename.erasecolorred //擦除颜色的红原色
shape.shapename.height //形状对象的高度
shape.shapename.hposition //水平基准点
shape.shapename.item //返回对象的条目集合,使用点运算符引用某条目(返回对象名)
shape.shapename.itemcount //返回对象条目数
shape.shapename.name //返回对象的名称
shape.shapename.nextindex //下一个索引号
shape.shapename.nextvalue //下一个值

shape.shapename.playthrough //是否可以中断,一般适用于 sound 和 video 对象
shape.shapename.selectedindex //被选中的条目的序号(以 0 为起点)
shape.shapename.selectedvalue //被选中的条目值(以 1 为起点)
shape.shapename.stimulusonset //刺激开始呈现的时间
shape.shapename.typename //对象类型名称(返回 shape)
shape.shapename.vposition //竖直基准点
shape.shapename.width //对象的宽度

20. 〈sound〉属性

sound.soundname.currentindex //声音对象当前索引号
sound.soundname.currentitem //声音对象的当前条目(返回当前使用的声音文件名)
sound.soundname.currentitemnumber //声音对象的当前条目序号
sound.soundname.currentvalue //声音对象当前值
sound.soundname.erase //试次结束后,是否擦除
sound.soundname.item //返回声音对象的条目集合,以点运算符加序号引用某条目
sound.soundname.itemcount //返回条目数
sound.soundname.name //返回声音对象名称
sound.soundname.pan //左右声道的衰减值
sound.soundname.playthrough //是否需要声音播放完毕被试才接收被试的反应
sound.soundname.selectedcount //目前被选中的条目数
sound.soundname.selectedindex //当前被选中的条目序号(以 0 为起点)
sound.soundname.selectedvalue //当前被选中的条目值(以 1 为起点)
sound.soundname.stimulusonset //刺激开始呈现的时间
sound.soundname.typename //对象类型名(返回 sound)
sound.soundname.unselectedcount //目前未被选中的条目数
sound.soundname.volume //返回声音对象的音量

21. 〈text〉属性

text.textname.currentindex //文本对象当前索引号
text.textname.currentitem //文本对象的当前条目
text.textname.currentitemnumber //文本对象当前条目序号
text.textname.currentvalue //文本对象当前内容
text.textname.erase //是否在试次结束后擦除对象
text.textname.erasecolor //擦除颜色
text.textname.erasecolorblue //擦除颜色的蓝原色
text.textname.erasecolorgreen //擦除颜色的绿原色
text.textname.erasecolorred //擦除颜色的红原色
text.textname.fontheight //文本对象的字体高度
text.textname.height //文本对象显示区域的高度

text.textname.hposition //水平基准点
text.textname.item //文本对象的条目集合,使用点运算符引用某条目
text.textname.itemcount //文本对象的条目数
text.textname.name //文本对象的名称
text.textname.nextindex //文本对象下一个索引
text.textname.nextvalue //文本对象下一个值
text.textname.playthrough //是否在对象显示完毕后才接收被试的反应
text.textname.selectedcount //目前已被选中的条目数
text.textname.selectedindex //被选中条目的序号(以 0 为起点)
text.textname.selectedvalue //被试选中的条目值(以 1 为起点)
text.textname.stimulusonset //刺激开始呈现的时间
text.textname.textbgcolor //文本对象的背景色
text.textname.textbgcolorblue //背景色的蓝原色
text.textname.textbgcolorgreen //背景色的绿原色
text.textname.textbgcolorred //背景色的红原色
text.textname.textcolor //文本颜色
text.textname.textcolorblue //文本颜色的蓝原色
text.textname.textcolorgreen //文本颜色的绿原色
text.textname.textcolorred //文本颜色的红原色
text.textname.typename //对象类型名称(返回 text)
text.textname.unselectedcount //目前还未被选中的条目数
text.textname.vposition //竖直基准点
text.textname.width //文本对象显示区域的宽度

22. 〈trial〉属性

trial.trialname.beginresponseframe //试次开始的时间(单位帧)
trial.trialname.beginresponsetime //试次开始的时间(单位毫秒)
trial.trialname.correct //被试的前一次反应的正确性,1 表示正确,0 表示错误
trial.trialname.correctcount //当前区组中被试正确反应的次数
trial.trialname.correctstreak //当前区组中被试连续正确反应的次数
trial.trialname.count //当前区组中试次目前被运行的次数
trial.trialname.error //被试的前一次反应是否错误,1 表示错误,0 表示正确
trial.trialname.errorcount //当前区组中被试错误反应的次数
trial.trialname.errorstreak //当前区组中被试连续反应错误的次数
trial.trialname.inputmask //串口或并口输入设备的屏蔽码
trial.trialname.inwindow //被试的前一次反应是否介于反应时间窗内
trial.trialname.latency //前一次反应的反应时
trial.trialname.maxlatency //截至目前当前区组中最大反应时
trial.trialname.meanlatency //截至目前当前区组中反应时的均值

trial.trialname.medianlatency //截至目前当前区组中反应时的中位数

trial.trialname.minlatency //截至目前当前区组中最小的反应时

trial.trialname.name //对象名称

trial.trialname.numinwindow //当前区组中被试的反应时介于反应时间窗内的次数

trial.trialname.percentcorrect //当前区组中被试正确反应的百分比

trial.trialname.percentinwindow //当前区组中被试的反应时介于反应时间窗内的百分比

trial.trialname.posttrialpause //试次结束后暂停的时间(单位毫秒)

trial.trialname.pretrialpause //试次开始前暂停的时间(单位毫秒)

trial.trialname.response //被试的反应(返回按键的扫描码或其他输入设备的事件名)

trial.trialname.responsex //鼠标 X 坐标

trial.trialname.responsey //鼠标 Y 坐标

trial.trialname.screencapture //是否截取屏幕快照

trial.trialname.sdlatency //当前区组中截至目前反应时的标准差

trial.trialname.showmousecursor //是否显示鼠标

trial.trialname.sumlatency //当前区组中截至目前反应时总和

trial.trialname.totalcorrectcount //截至目前被试反应正确的总次数

trial.trialname.totalcount //截至目前试次被运行的总次数

trial.trialname.totalerrorcount //截至目前被试反应错误的总次数

trial.trialname.totalmaxlatency //截至目前对该对象的反应时的最大值

trial.trialname.totalmeanlatency //截至目前被试反应时的平均值

trial.trialname.totalmedianlatency //截至目前被试反应时的中位数

trial.trialname.totalminlatency //截至目前针对该对象被试反应时的最小值

trial.trialname.totalnuminwindow //截至目前反应时介于反应时间窗内的总次数

trial.trialname.totalpercentcorrect //截至目前被试针对该对象正确反应的百分比

trial.trialname.totalpercentinwindow //截至目前所有反应时介于反应时间窗内的百分比

trial.trialname.totalsdlatency //截至目前针对该对象被试所有反应时的标准差

trial.trialname.totalsumlatency //截至目前针对该对象被试所有反应时之和

trial.trialname.totaltrialcount //截至目前该对象被运行的总次数

trial.trialname.totalvarlatency //截至目前针对该对象被试所有反应时的方差

trial.trialname.trialcode //对象代码

trial.trialname.trialcount //截至目前当前区组中该对象被运行的次数

trial.trialname.trialduration //对象持续时间

trial.trialname.typename //对象类型名(返回试次)

trial.trialname.varlatency //当前区组中针对该对象反应时的方差

23.〈values〉属性

values.name //对象名称(返回 values)

values.typename //对象类型名(返回 values)

values.valuename1 //引用所定义的变量值

values.valuename2

values.valuename3

24.〈variables〉属性

variables.currentgroupnumber //当设置分组后,返回当前被试所分组号

variables.groupcount //所分组数

variables.name //对象名称(返回 variables)

variables.typename //对象类型名(返回 variables)

25.〈video〉属性

video.videoname.currentindex //视频对象的当前索引

video.videoname.currentitem //视频对象当前条目(视频文件名)

video.videoname.currentitemnumber //视频对象当前序号

video.videoname.currentvalue //视频对象的当前值

video.videoname.erase //是否在试次结束后擦除对象

video.videoname.erasecolorblue //擦除颜色的蓝原色

video.videoname.erasecolorgreen //擦除颜色的绿原色

video.videoname.erasecolorred //擦除颜色的红原色

video.videoname.height //视频显示区域的高度

video.videoname.hposition //水平基准点

video.videoname.item //视频对象条目集合,若引用其则使用点运算符

video.videoname.itemcount //条目总数

video.videoname.loop //是否循环播放

video.videoname.name //对象名称

video.videoname.nextindex //下一个索引

video.videoname.nextvalue //下一个值

video.videoname.playthrough //在转入下一试次时,是否播放完毕

video.videoname.selectedcount //目前已被选中的条目数

video.videoname.selectedindex //被选中条目的序号(以 0 开始)

video.videoname.selectedvalue //被试中条目的值

video.videoname.stimulusonset //刺激开始呈现的时间

video.videoname.typename //对象类型名(返回 video)

video.videoname.unselectedcount //还未被选中的条目数

video.videoname.vposition //竖直基准点

video.videoname.width //视频对象显示区域的宽度

6.4.2 显示汇总信息(似动现象)程序示例

对于运动知觉的观察和研究,是从发现运动错觉开始的。1820 年蒲肯野(J. E.

Prukinje)最早观察到,人在旋转时感到自身向一个方向转动,四周的物体则向相反的方向移动,停止旋转时产生运动的负后像。20世纪初,对运动错觉开始进行了实验室研究,研究的问题多半是关于似动现象产生的客观条件,以及影响似动现象的各种因素。影响似动现象产生的因素很多,在客观条件方面有:刺激物呈现的空间距离、时间距离,刺激物的强度、形状、数目等;在主观方面有:个人经验,暗示的作用以及个别差异等。

研究实验一般是按下列方式进行:先呈现一个刺激(如在微光或暗室里呈现一个亮点),随后在不同空间位置再呈现一个相似的刺激(另一个亮点)。这样,在两个刺激的强度、时间距离、空间距离适当的条件下,就会引起似动现象(亮点从先呈现的位置移到后呈现的位置)。

通过 Inquisit 完成本实验要求被试坐在暗室中,并且距离屏幕 2 米的地方。

程序 exp30.exp 的代码如下:

似动现象

****

```
<page instruction> //指导语页面
        似动现象,由 1820 年 J.E. Purkinje 最早观察到。~
        本实验中请你注意屏幕上可能同时出现两个白点,也可能是先后出现两个白点,还可能是一个白点从一处向另一处移动。如果你看到的是同时,则按数字 1,如果是先后,则按数字 2,如果是移动,则按数字 3。
</page>

<page result> //汇总页面
        本实验中共有<%expt.apprentmotion.blockcount%>个 Block。~
        <%block.distance2.name%>的平均反应时为:<%block.distance2.meanlatency%>(<%block.distance2.sdlatency%>)毫秒;~
        <%block.distance5.name%>的平均反应时为:<%block.distance5.meanlatency%>(<%block.distance5.sdlatency%>)毫秒;~
        <%block.distance8.name%>的平均反应时为:<%block.distance8.meanlatency%>(<%block.distance8.sdlatency%>)毫秒。~
                ~注:括号中为标准差。
</page>
```

定义刺激(Stimulus)

```
<instruct> //指导语页面参数设置
    / windowsize = (80%,60%) //文本显示区域大小
    / screencolor = black //窗口背景颜色
    / txcolor = white //文本颜色
    / finishlabel = "按回车键继续" //按钮标签
```

```
</instruct>
<shape left> //显示在屏幕左侧的shape对象
    / shape = circle //指定形状为圆形
    / size = (20,20)
    / color = white
    / hposition = 15cm //屏幕上的显示位置
</text>
<shape right> //显示在屏幕右侧的shape对象
    / shape = circle
    / size = (20,20)
    / color = white
    / hposition = 17cm
</text>
<text tips> //提示用文本对象
    / items = ("先后按1,同时按2,动按3")
    / vposition = 85pct
</text>
<text pretest> //提示用文本对象
    / items = ("按空格开始实验,可以适当休息")
    / txcolor = red
</text>
```

定义试次

```
<trial pretest> //提示试次对象
    / stimulusframes = [1 = pretest]
    / validresponse = (" ")
</trial>
<trial apprent20> //定义两个圆点先后呈现时间间隔为20毫秒的试次对象
    / stimulustimes = [1 = left;20 = right] //先呈现左侧圆点,20毫秒后呈现右侧圆点
    / validresponse = ("1","2","3") //有效按键为数字键1、2和3
    / posttrialpause = 500 //试次结束后暂停500毫秒
</trial>
<trial apprent60> //定义两个圆点先后呈现时间间隔为60毫秒的试次对象
    / stimulustimes = [1 = left;60 = right]
    / validresponse = ("1","2","3")
    / posttrialpause = 500
</trial>
```

```
<trial apprent100> //定义两个圆点先后呈现时间间隔为100毫秒的试次对象
    / stimulustimes = [1 = left;100 = right]
    / validresponse = ("1","2","3")
    / posttrialpause = 500
</trial>
<trial apprent150> //定义两个圆点先后呈现时间间隔为150毫秒的试次对象
    / stimulustimes = [1 = left;150 = right]
    / validresponse = ("1","2","3")
    / posttrialpause = 500
</trial>
<trial apprent200> //定义两个圆点先后呈现时间间隔为200毫秒的试次对象
    / stimulustimes = [1 = left;200 = right]
    / validresponse = ("1","2","3")
    / posttrialpause = 500
</trial>
<trial apprent250> //定义两个圆点先后呈现时间间隔为250毫秒的试次对象
    / stimulustimes = [1 = left;250 = right]
    / validresponse = ("1","2","3")
    / posttrialpause = 500
</trial>
<trial apprent300> //定义两个圆点先后呈现时间间隔为300毫秒的试次对象
    / stimulustimes = [1 = left;300 = right]
    / validresponse = ("1","2","3")
    / posttrialpause = 500
</trial>
<trial apprent350> //定义两个圆点先后呈现时间间隔为350毫秒的试次对象
    / stimulustimes = [1 = left;350 = right]
    / validresponse = ("1","2","3")
    / posttrialpause = 500
</trial>
<trial apprent400> //定义两个圆点先后呈现时间间隔为400毫秒的试次对象
    / stimulustimes = [1 = left;400 = right]
    / validresponse = ("1","2","3")
    / posttrialpause = 500
</trial>
```

定义区组

```
<block distance2> //定义两个圆点的空间间隔为 2 厘米的区组对象
    / bgstim = (tips) //屏幕上始终呈现按键提示信息
    / onblockbegin = [shape.right.hposition = 17cm] //开始运行前将右侧圆点的位置置于 17 厘
                                                    米处
    / trials = [1 = pretest;2—91 = noreplace(apprent20,apprent60,apprent100,apprent150,
            apprent200,apprent250,apprent300,apprent350,apprent400)] //首先是指导语,
            然后是 9 种时间间隔下的试次各 10 次
</block>
<block distance5> //定义两个圆点的空间间隔为 5 厘米的区组对象
    / bgstim = (tips)
    / onblockbegin = [shape.right.hposition = 20cm]
    / trials = [1 = pretest;2—91 = noreplace(apprent20,apprent60,apprent100,apprent150,
            apprent200,apprent250,apprent300,apprent350,apprent400)]
</block>
<block distance8> //定义两个圆点的空间间隔为 8 厘米的区组对象
    / bgstim = (tips)
    / onblockbegin = [shape.right.hposition = 23cm]
    / trials = [1 = pretest;2—91 = noreplace(apprent20,apprent60,apprent100,apprent150,
            apprent200,apprent250,apprent300,apprent350,apprent400)]
</block>
```

定义实验

```
<expt apprentmotion> //实验对象
    / preinstructions = (instruction) //实验前指导语
    / blocks = [1 = block1;2 = block2;3 = block3] //指定区组对象,其中 block1~block3 为虚拟
                                                   变量
    / postinstructions = (result) //实验结束后的汇总页面
</expt>
<variables> //用于设置不同编号的被试执行不同的实验序列,具体来说,1、4、7、10…号被试按照
            2 厘米、5 厘米、8 厘米的实验顺序完成;2、5、8、11…号被试按照 5 厘米、8 厘米、2 厘
            米的实验顺序完成;3、6、9、12…号被试按照 8 厘米、2 厘米、5 厘米的实验顺序完成
    / group = (1 of 3) (block1 = distance2;block2 = distance5;block3 = distance8)
    / group = (2 of 3) (block1 = distance5;block2 = distance8;block3 = distance2)
    / group = (3 of 3) (block1 = distance8;block2 = distance2;block3 = distance5)
</variables>
<defaults> //默认参数设置
    / txbgcolor = black //文本背景色为黑色
```

/ txcolor = green //文本颜色为绿色

/ screencolor = black //屏幕颜色为黑色

/ fontstyle = ("宋体",3%) //字体式样

</defaults>

****

6.4.3 代码精简的似动现象程序示例

本示例程序通过〈expressions〉标记符对程序 exp30.exp 进行简化,程序的功能相同。

用粗体标记代码变动的地方。程序 exp31.exp 的代码如下:

似动实验

****

〈page instruction〉//指导语页面

似动现象,由 1820 年 J.E. Purkinje 最早观察到。~

本实验中请你注意屏幕上可能同时出现两个白点,也可能是先后出现两个白点,还可能是一个白点从一处向另一处移动。如果你看到的是同时,则按数字 1,如果是先后,则按数字 2,如果是动,则按数字 3。

〈/page〉

〈page result〉//汇总页面

本实验中共有〈%expt.apprentmotion.blockcount%〉个 Block。~

〈%block.distance.name%〉的平均反应时为:〈%block.distance.meanlatency%〉(〈%block.distance.sdlatency%〉)毫秒;^

~注:括号中为标准差。

〈/page〉

定义刺激

〈instruct〉//指导语页面参数设置

/ windowsize = (80%,60%)

/ screencolor = black

/ txcolor = white

/ finishlabel = "按回车键继续"

〈/instruct〉

〈shape left〉

/ shape = circle

/ size = (20,20)

/ color = white

```
    / erase = false //试次结束后不擦除对象
    / hposition = 15cm
</shape>
<shape right>
    / shape = circle
    / color = white
    / size = (20,20)
</shape>
<shape clearscreen> //用于清除屏幕某个区域的 shape 对象
    / size = (20,20) //区域大小
    / hposition = 15cm //位置
</shape>
<text tips>
    / items = ("先后按 1,同时按 2,动按 3")
    / vposition = 85pct
</text>
<text pretest>
    / items = ("按空格开始实验,可以适当休息")
    / txcolor = red
</text>
```

定义试次

```
<trial pretest>
    / stimulusframes = [1 = pretest]
    / validresponse = (" ")
</trial>
<trial clearscreen> //清除屏幕区域的试次对象
    / stimulusframes = [1 = clearscreen]
    / timeout = 1500 //呈现 1500 毫秒
    / validresponse = (noresponse)
</trial>
<trial apprent1> //定义名为 apprent1 的试次对象,显示左侧圆点
    / stimulustimes = [1 = left]
    / validresponse = (noresponse)
    / timeout = 20 //左侧圆点仅显示 20 毫秒
</trial>
<trial apprent2>
```

```
        / pretrialpause = expressions.interval
        / stimulustimes = [1 = right]
        / validresponse = ("1","2","3")
        / posttrialpause = 500
</trial>

<expressions> //自定义表达式
        / interval = noreplace(0,40,80,130,180,230,280,330,380) //与左侧圆点间的时间间隔
        / distance = noreplace(17cm,20cm,23cm) //随机选取右侧圆点的位置
</expressions>
```

定义区组

```
<block distance> //定义实验区组,执行某区组前,确定右侧圆点的位置
        / bgstim = (tips)
        / onblockbegin = [picture.right.hposition = expressions.distance] //为右侧圆点的位置
                                                                          赋值
        / trials = [1 = pretest;2—91 = apprent1,apprent2] //先显示左侧圆点,然后间隔一定时间
                                                           后呈现右侧圆点
</block>
```

定义实验

```
<expt apprentmotion> //实验对象
        / preinstructions = (instruction)
        / blocks = [1—3 = distance] //区组对象 distance 运行 3 次,每次运行时右侧圆点的位置发
                                     生变化
        / postinstructions = (result)
</expt>
<defaults> //默认参数设置
        / txbgcolor = black
        / txcolor = green
        / screencolor = black
        / fontstyle = ("宋体",3%)
</defaults>
```

****

6.4.4 根据反应作出判断(数字记忆广度)程序示例

数字记忆广度指的是按固定顺序逐一地呈现一系列刺激以后,刚刚能够立刻正确再

现的刺激系列的长度。所呈现的各刺激之间的时间间隔必须相等。再现的结果必须符合原来呈现的顺序才算正确。

数字记忆广度的测定和绝对感觉阈限的测定类似,可以用最小变化法,即将刺激系列的长度逐级增加;也可以用恒定刺激法,即将选定的若干长度不同的刺激系列随机呈现。计算记忆广度的方法也是以找出50%次能够通过的刺激系列的长度为准。例如,用最小变化法测定时,8位的数字系列能够通过,9位的数字不能通过,其记忆广度即为8.5。这种计算方法也有变式,如将每一长度的刺激系列各连续呈现3次,则以3次都能通过的最长系列作为基数,再将其他未能完全通过的刺激系列的长度按1/3或2/3加在基数上,将其和算作记忆广度。例如,3次均通过的最长系列为7位数,则基数为7;如果8位数字系列3次中通过2次,则在基数上加2/3,9位数字系列3次中只通过1次,则在基数上再加1/3,如果10位数字系列也通过1次,11位以上数字系列均未通过,则再加1/3。这样,此人的记忆广度即为8.33。

程序 exp32.exp 代码如下:

数字记忆广度
****
〈item instruction〉
/1 = "这是个记忆实验,请你注意看屏幕中央,你记下连续出现的数字,当不再出现数字,并且屏幕上出现'输入你的答案'时将刚刚呈现的数字序列按照呈现的顺序输入到文本框中,一定要按顺序输入。这样要做很多次,请你尽量都能记得对。输入完毕后,用鼠标单击'进入下一次试次'或用 Tab 键跳转到'进入下一次试次'按钮上,再按回车键。"
〈/item〉

定义刺激

〈item nums〉//定义内容为1—9的条目库
　　/1 = "1"
　　/2 = "2"
　　/3 = "3"
　　/4 = "4"
　　/5 = "5"
　　/6 = "6"
　　/7 = "7"
　　/8 = "8"
　　/9 = "9"
〈/item〉
〈counter num5〉//定义计数器

```
/ select = sequence(8,2,9,5,4,2,7,1,8,3,5,3,7,4,6) //指定从条目库中进行条目选取时的
                                                     顺序
</counter>
…………
<counter num16>
    / select = sequence(7,3,9,2,5,6,8,4,5,1,9,8,6,3,1,4,3,5,7,6,9,4,8,2,1,5,3,6,2,8,4,
             3,6,4,7,5,3, 9,1, 2,5,8,9,3,4,1,6,8)
</counter>

<text num5> //定义文本对象
    / items = nums //引用 nums 条目库
    / select = num5 //对条目库中的对象选取方式(根据计数器设置的方式来选取)
</text>
…………
<text num16>
    / items = nums
    / select = num16
</text>
<text fixation> //定义注视点文本对象
    / items = ("X")
</text>
<text instructiontxt> //定义指导语文本对象
    / hjustify = left //左对齐方式
    / select = sequence //顺序选取
    / items = instruction //引用条目库
    / size = (640,100) //文本显示区域大小
    / fontstyle = ("宋体",24pt) //字体式样
    / txcolor = (0,255,0) //文本颜色为绿色
    / txbgcolor = (transparent) //背景透明
    / vposition = 40 //垂直方向的位置
</text>
<text anykeytxt> //按键提示文本对象
    / items = ("按空格键开始实验")
    / vposition = 70pct
    / fontstyle = ("Arial",24pt)
    / txcolor = (255,0,0)
    / txbgcolor = (transparent)
</text>
```

```
<textbox answer>  //定义名为 answer 的文本输入框,用于接收被试的输入
    / caption = "输入你的答案"
    / required = false  //不是必填项
    / fontstyle = ("宋体",3%)
    / position = (40%,50%)  //位置
    / mask = integer  //设置输入掩码为数值
    / correctresponse = ("82954","27183","53746","437915","197286","317845","8264159",
                "4638572","5792184","36792581","61574823","15843792","918637542",
                "899715326","674381295","8314752693","5497318562","7985146328",
                "83524751639","27941638591","52638495173","743851756982",
                "375841247936","214597316894","8142168593247","9587483194562",
                "8539465271439","48639714593215","92876513689413",
                "75892573842169","218574379562493","137865924576218",
                "468725139681245","7392568451986314","3576948215362843",
                "6475391258934168")  //正确答案,即输入以上内容视为正确输入
    / validresponse = (anyresponse)  //有效反应为任何数值内容
</textbox>
```

定义试次

```
<values>  //自定义变量
    /ttout = 1000
</values>
<surveypage answer>  //调查页面的定义
    / showquestionnumbers = false  //不显示题项编号
    / finishlabel = "进入下一试次"  //设置按键标签
    / questions = [1 = answer]  //显示的问题为文本输入框对象
</surveypage>
<trial fixation>  //注视点试次对象
    / stimulusframes = [1 = fixation]
    / timeout = 100
</trial>
<trial instruction>  //指导语试次对象
    / validresponse = (" ")  //空格键为有效反应键
    / stimulusframes = [1 = instructiontxt,anykeytxt]  //同时显示指导语和按键提示文本
    / recorddata = false  //不记录此试次的实验数据
</trial>
<trial num5>  //定义识记的试次对象
```

```
/ stimulustimes = [1 = num5]   //引用 num5 文本对象
/ timeout = values.ttout   //设置超时时间为 1000 毫秒,即每个数字呈现 1 秒钟
/ validresponse = (noresponse)   //不需要被试反应
/ recorddata = false   //不记录实验数据
</trial>
…………
<trial num9>
/ stimulustimes = [1 = num9]
/ timeout = values.ttout
/ validresponse = (noresponse)
/ recorddata = false
</trial>
```

定义区组

```
<block spanofnum>   //试次(数字记忆广度)区组
/ stop = [surveypage.answer.errorstreak>2]   //当被试连续错误 3 次时,则停止执行
/ trials = [1—5 = num5;6 = answer;7—11 = num5;12 = answer;13—17 = num5;18 = answer;
19—24 = num6;25 = answer;26—31 = num6;32 = answer;33—38 = num6;39 = answer;40—46 = num7;
47 = answer;48—54 = num7;55 = answer;56—62 = num7;63 = answer;64—71 = num8;72 = answer;
73—80 = num8;81 = answer;82—89 = num8;90 = answer;91—99 = num9;100 = answer;101—109 =
num9;110 = answer;111—119 = num9;120 = answer]   //设置呈现试次序列,数字序列和文本输入框
(接收答案)交替呈现
</block>


<block instruction>   //指导语区组
/ trials = [1 = instruction]
</block>
```

定义实验

```
<expt spanofnum>   //实验对象
/ blocks = [1 = instruction;2 = spanofnum]   //先呈现指导语,然后进行数字记忆广度测验
</expt>
```

定义默认值

```
<defaults>
```

```
    / screencolor = black
    / txcolor = white
    / txbgcolor = black
    / fontstyle = ("Times New Roman",10%)
</defaults>
```

****

6.5 调查构成元素属性

6.5.1 调查构成元素属性及注解

1. 〈caption〉属性

caption.captionname.caption //标题对象的标题
caption.captionname.fontheight //标题对象字体的高度（单位与定义时的单位相同）
caption.captionname.height //标题显示区域的高度
caption.captionname.hposition //标题显示的水平基准点
caption.captionname.name //对象名称
caption.captionname.subcaption //子标题
caption.captionname.subcaptionfontheight //副标题字体高度
caption.captionname.typename //对象类型
caption.captionname.vposition //标题的显示的竖直基准点
caption.captionname.width //标题显示区域的宽度

2. 〈checkboxes〉属性

checkboxes.checkboxesname.caption //复选框对象的标题
checkboxes.checkboxesname.fontheight //复选框标题的字体高度
checkboxes.checkboxesname.height //复选框标题文本的高度
checkboxes.checkboxesname.hposition //复选框的水平位置
checkboxes.checkboxesname.name //复选框的名称
checkboxes.checkboxesname.required //是否为必填项,1 表示必填,0 表示不必填
checkboxes.checkboxesname.response //被试所选项的标签,多个选项间用 & 符号连接,如果定义
　　　　　　　　　　　　　　　　　　的标签值,则对应的是标签值
checkboxes.checkboxesname.responsefontheight //各选项的字体高度
checkboxes.checkboxesname.subcaption //复选框的副标题
checkboxes.checkboxesname.subcaptionfontheight //复选框副标题的字体高度
checkboxes.checkboxesname.typename //对象类型
checkboxes.checkboxesname.vposition //复选框的竖直位置
checkboxes.checkboxesname.width //复选框标题的宽度

3. 〈dropdown〉属性

dropdown.dropdownname.caption //下拉列表框对象的标题
dropdown.dropdownname.fontheight //下拉列表框标题显示字体的高度
dropdown.dropdownname.height //下拉列表框标题显示区域的高度
dropdown.dropdownname.hposition //下拉列表框的水平位置
dropdown.dropdownname.listheight //下拉列表框对象列表框的高度
dropdown.dropdownname.listwidth //下拉列表框对象列表框的宽度
dropdown.dropdownname.name //下拉列表框对象的名称
dropdown.dropdownname.option //下拉列表框的选项集合,然后通过点运算符加序号引用,例如:
        dropdown.dropdownname.option.1
dropdown.dropdownname.optionvalue //下拉列表框的各选项的对应值的集合,引用方法同 option
        属性
dropdown.dropdownname.required //是否是必填(或必选)项
dropdown.dropdownname.response //返回被试选择的选项或其对应值
dropdown.dropdownname.responsefontheight //选项字体的高度
dropdown.dropdownname.selectedcaption //被选中的选项标题
dropdown.dropdownname.selectedvalue //被选中的选项对应值,如果定义下拉列表框对象时没有
        设置 optionsvalue 参数,则返回选项内容
dropdown.dropdownname.subcaption //下拉列表框副标题内容
dropdown.dropdownname.subcaptionfontheight //下拉列表框副标题字体高度
dropdown.dropdownname.typename //下拉列表框对象的名称
dropdown.dropdownname.vposition //下拉列表框的竖直位置
dropdown.dropdownname.width //下拉列表框标题的宽度

4. 〈image〉属性

image.imagename.caption //图像对象的标题
image.imagename.fontheight //图像标题的字体高度
image.imagename.height //图像标题显示区域的高度
image.imagename.hposition //图像对象的水平位置
image.imagename.imageheight //图像的高度
image.imagename.imagewidth //图像的宽度
image.imagename.name //对象名称
image.imagename.subcaption //图像对象的副标题
image.imagename.subcaptionfontheight //副标题的字体高度
image.imagename.typename //对象类型名称(返回 image)
image.imagename.vposition //图像对象的竖直位置
image.imagename.width //图像标题显示区域的宽度

5. 〈listbox〉属性

listbox.listboxname.caption //列表框对象的标题
listbox.listboxname.fontheight //列表框标题显示字体的高度
listbox.listboxname.height //列表框标题显示区域的高度
listbox.listboxname.hposition //水平基准点
listbox.listboxname.listheight //列表框显示区域的高度
listbox.listboxname.listwidth //列表框显示区域的宽度
listbox.listboxname.name //对象名称
listbox.listboxname.option //列表框的选项集合,使用点运算符引用其中某个选项
listbox.listboxname.optionvalue //列表框选项值集合
listbox.listboxname.required //是否是必选项
listbox.listboxname.response //返回被试的选择的选项,如果设置该项的对应值,则返回的是选项值
listbox.listboxname.responsefontheight //列表框中选项的显示字体高度
listbox.listboxname.selectedcaption //列表框中被选中的选项内容
listbox.listboxname.selectedvalue //列表框中被选中的选项值
listbox.listboxname.subcaption //列表框的副标题
listbox.listboxname.subcaptionfontheight //列表框副标题的字体高度
listbox.listboxname.typename //对象类型名（返回 listbox）
listbox.listboxname.vposition //竖直基准点
listbox.listboxname.width //列表框标题显示区域的宽度

6. 〈radiobuttons〉属性

radiobuttons.radiobuttonsname.caption //单选项的标题
radiobuttons.radiobuttonsname.fontheight //单选项标题显示字体的高度
radiobuttons.radiobuttonsname.height //单选项标题显示区域的高度
radiobuttons.radiobuttonsname.hposition //水平基准点
radiobuttons.radiobuttonsname.name //对象名称
radiobuttons.radiobuttonsname.option //单选项的备选项集合,使用点运算符引用某个对象
radiobuttons.radiobuttonsname.optionvalue //单选项的备选项值集合
radiobuttons.radiobuttonsname.required //是否是必选项
radiobuttons.radiobuttonsname.response //被试的选择项内容(设置 optionvalue 参数,则返回对应选项值)
radiobuttons.radiobuttonsname.responsefontheight //备选项的显示字体高度
radiobuttons.radiobuttonsname.selectedcaption //被试选择的选项标题
radiobuttons.radiobuttonsname.selectedvalue //被试选择的选项对应值
radiobuttons.radiobuttonsname.subcaption //单选对象的副标题
radiobuttons.radiobuttonsname.subcaptionfontheight //单选对象副标题的字体高度

radiobuttons.radiobuttonsname.typename //对象类型名（返回 radiobuttons）
radiobuttons.radiobuttonsname.vposition //竖直基准点
radiobuttons.radiobuttonsname.width //单选对象标题显示区域的宽度

7. 〈slider〉属性

slider.slidername.caption //滑尺对象的标题内容
slider.slidername.fontheight //滑尺对象标题显示字体的高度
slider.slidername.height //滑尺对象标题显示区域的高度
slider.slidername.hposition //水平基准点
slider.slidername.name //对象名称
slider.slidername.response //反应值，即被试设置的当前刻度值（标签）
slider.slidername.responsefontheight //刻度标签的字体高度
slider.slidername.sliderheight //滑尺对象的高度
slider.slidername.sliderwidth //滑尺对象的宽度
slider.slidername.subcaption //滑尺对象副标题内容
slider.slidername.subcaptionfontheight //滑尺对象副标题的显示字体高度
slider.slidername.typename //对象类型名（返回 slider）
slider.slidername.vposition //竖直基准点
slider.slidername.width //滑尺对象标题显示区域的宽度

8. 〈survey〉属性

survey.surveyname.backlabel //调查对象的后退标签
survey.surveyname.correct //被试前一次反应是否正确
survey.surveyname.correctcount //当前区组中目前被试反应正确的次数
survey.surveyname.correctstreak //当前区组中被试连续正确反应的次数
survey.surveyname.count //当前区组中对象已被运行的次数
survey.surveyname.currentblocknumber //当前区组号
survey.surveyname.currentpagenumber //当前页面号码
survey.surveyname.currentquestionnumber //当前题项号码
survey.surveyname.currenttrialnumber //当前试次序号
survey.surveyname.elapsedtime //开始执行至目前的时间
survey.surveyname.error //前次反应是否错误
survey.surveyname.errorcount //当前区组中目前被试错误反应的次数
survey.surveyname.errorstreak //当前区组中被试连续错误的次数
survey.surveyname.finishlabel //最后一页面时，完成按钮的标签
survey.surveyname.fontheight //调查标题的字体高度
survey.surveyname.inwindow //前次反应是否介于反应时间窗内
survey.surveyname.itemfontheight //调查题项的字体高度
survey.surveyname.itemspacing //题项间的间距

survey.surveyname.latency //前次反应的反应时
survey.surveyname.leftmargin //左边距
survey.surveyname.maxlatency //目前反应时中的最大值
survey.surveyname.meanlatency //目前的平均反应时
survey.surveyname.medianlatency //目前反应时的中位数
survey.surveyname.minlatency //目前最小的反应时
survey.surveyname.name //对象名称
survey.surveyname.navigationbuttonheight //导航按钮的高度
survey.surveyname.navigationbuttonwidth //导航按钮的宽度
survey.surveyname.next //将要运行的下一对象
survey.surveyname.nextlabel //前进按钮的标签
survey.surveyname.numinwindow //反应时介于反应时间窗内的次数
survey.surveyname.pagefontheight //页面字体的高度
survey.surveyname.percentcorrect //所有正确反应的百分比
survey.surveyname.percentinwindow //反应时介于反应时间窗内的次数的百分比
survey.surveyname.recorddata //是否记录数据
survey.surveyname.response //前次反应内容,可能是选项标签或被试输入的内容
survey.surveyname.responsefontheight //调查对象各题目的备择选项字体高度
survey.surveyname.rightmargin //右边距
survey.surveyname.screencolorblue //屏幕颜色的蓝原色
survey.surveyname.screencolorgreen //屏幕颜色的绿原色
survey.surveyname.screencolorred //屏幕颜色的红原色
survey.surveyname.sdlatency //当前区组中反应时的标准差
survey.surveyname.showbackbutton //是否显示后退按钮
survey.surveyname.showpagenumbers //是否显示页码
survey.surveyname.showquestionnumbers //是否显示题项编号
survey.surveyname.subcaptionfontheight //副标题字体高度
survey.surveyname.sumlatency //当前区组中的反应时之和
survey.surveyname.topmargin //顶部边距
survey.surveyname.totalcorrectcount //正确回答的总次数
survey.surveyname.totalcount //目前对象被运行的总次数
survey.surveyname.totalerrorcount //错误回答的总次数
survey.surveyname.totalmaxlatency //所有反应时中的最大值
survey.surveyname.totalmeanlatency //所有反应时的平均值
survey.surveyname.totalmedianlatency //所有反应时的中位数
survey.surveyname.totalminlatency //所有反应时中的最小值
survey.surveyname.totalnuminwindow //反应时介于反应时间窗内的总次数
survey.surveyname.totalpercentcorrect //所有正确反应的百分比

survey.surveyname.totalpercentinwindow //反应时介于反应时间窗内百分比
survey.surveyname.totalsdlatency //所有反应时的标准差
survey.surveyname.totalsumlatency //所有反应时之和
survey.surveyname.totaltrialcount //目前已经完成的页面数
survey.surveyname.totalvarlatency //所有反应时的方差
survey.surveyname.trialcount //当前区组中已经完成的页面数
survey.surveyname.trialscount //当前区组中的页面数
survey.surveyname.typename //对象类型名（返回 survey）
survey.surveyname.varlatency //当前区组反应时的方差

9.〈surveypage〉属性

surveypage.surveypagename.backlabel //调查页面的后退标签
surveypage.surveypagename.caption //调查面的标题内容
surveypage.surveypagename.correct //前次反应是否正确
surveypage.surveypagename.correctcount //当前区组中正确回答的次数
surveypage.surveypagename.correctstreak //当前区组中连续正确回答的次数
surveypage.surveypagename.count //当前区组中已经完成的页面数
surveypage.surveypagename.currentquestionnumber //当前调查页面第一个题项的编号
surveypage.surveypagename.error //前次反应是否错误
surveypage.surveypagename.errorcount //错误回答的次数
surveypage.surveypagename.errorstreak //连续回答错误的次数
surveypage.surveypagename.finishlabel //完成按钮的标签
surveypage.surveypagename.fontheight //调查页面标题的字体高度
surveypage.surveypagename.inputmask //串口或并口输入设备的屏蔽码
surveypage.surveypagename.inwindow //前次反应是否介于反应时间窗内
surveypage.surveypagename.itemfontheight //题项字体高度
surveypage.surveypagename.itemspacing //题项间距
surveypage.surveypagename.latency //前次反应的反应时
surveypage.surveypagename.leftmargin //左边距
surveypage.surveypagename.maxlatency //最大反应时
surveypage.surveypagename.meanlatency //平均反应时
surveypage.surveypagename.medianlatency //反应时的中位数
surveypage.surveypagename.minlatency //最小反应时
surveypage.surveypagename.name //对象名称
surveypage.surveypagename.navigationbuttonheight //导航按钮的高度
surveypage.surveypagename.navigationbuttonwidth //导航按钮的宽度
surveypage.surveypagename.nextlabel //前进按钮的标签
surveypage.surveypagename.numinwindow //反应时介于时间窗内的次数
surveypage.surveypagename.percentcorrect //正确反应的百分比

surveypage.surveypagename.percentinwindow //反应时介于反应时间窗内的百分比
surveypage.surveypagename.posttrialpause //试次结束后的暂停时间
surveypage.surveypagename.pretrialpause //试次开始前的暂停时间
surveypage.surveypagename.response //前次反应内容，如所选某项内容或输入的答案等
surveypage.surveypagename.responsefontheight //各选项的字体的高度
surveypage.surveypagename.rightmargin //右边距
surveypage.surveypagename.sdlatency //反应时的标准差
surveypage.surveypagename.showbackbutton //是否显示后退按钮
surveypage.surveypagename.showpagenumbers //是否显示页码
surveypage.surveypagename.showquestionnumbers //是否显示题项编号
surveypage.surveypagename.subcaption //调查页面的副标题
surveypage.surveypagename.subcaptionfontheight //副标题的字体高度
surveypage.surveypagename.sumlatency //反应时之和
surveypage.surveypagename.topmargin //顶边距
surveypage.surveypagename.totalcorrectcount //所有的正确反应次数
surveypage.surveypagename.totalcount //目前对象被执行的次数
surveypage.surveypagename.totalerrorcount //所有错误反应的次数
surveypage.surveypagename.totalmaxlatency //所有页面完成时间中的最大值
surveypage.surveypagename.totalmeanlatency //所有页面完成时间的均值
surveypage.surveypagename.totalmedianlatency //所有页面完成时间的中位数
surveypage.surveypagename.totalminlatency //所有页面完成时间的最小值
surveypage.surveypagename.totalnuminwindow //反应时介于反应时间窗内的总次数
surveypage.surveypagename.totalpercentcorrect //所有正确反应的百分比
surveypage.surveypagename.totalpercentinwindow //反应时介于时间窗内百分比
surveypage.surveypagename.totalsdlatency //所有页面完成时间的标准差
surveypage.surveypagename.totalsumlatency //所有页面完成时间之和
surveypage.surveypagename.totaltrialcount //填写完毕的指定页面的总数
surveypage.surveypagename.totalvarlatency //所有页面完成时间的方差
surveypage.surveypagename.trialcode //对象代码
surveypage.surveypagename.trialcount //当前区组中已经完成指定页面的次数
surveypage.surveypagename.trialduration //对象持续时间
surveypage.surveypagename.typename //对象类型名称（返回 surveypage）
surveypage.surveypagename.varlatency //完成指定页面的时间的方差

10. 〈textbox〉属性

textbox.textboxname.caption //文本输入的标题
textbox.textboxname.fontheight //文本输入对象的标题字体高度
textbox.textboxname.height //文本输入对象标题显示区域的高度
textbox.textboxname.hposition //水平基准点

textbox.textboxname.maxvalue //可以输入的最大值上限(对数值而言)

textbox.textboxname.minvalue //可以输入的最小值下限

textbox.textboxname.name //对象名称

textbox.textboxname.required //是否必须输入

textbox.textboxname.response //被试输入的内容

textbox.textboxname.responsefontheight //输入内容的字体高度

textbox.textboxname.subcaption //副标题

textbox.textboxname.subcaptionfontheight //副标题字体高度

textbox.textboxname.textboxheight //输入框的高度

textbox.textboxname.textboxwidth //输入框的宽度

textbox.textboxname.typename //对象类型名称(返回textbox)

textbox.textboxname.vposition //竖直基准点

textbox.textboxname.width //文本输入对象标题的宽度

6.5.2 个人信息调查表程序示例

程序 exp33.exp 调查一些基本的个人信息,然后提交结果后,显示被试所填写的信息,本示例程序主要演示了如何通过属性显示被试输入的信息。其代码如下:

```
个人信息调查表
*******************************
----------------------------------
定义页面元素
----------------------------------
<caption title> //页面标题对象
    / caption = "个人信息调查表" //主标题
    / fontstyle = ("黑体", 3%, false, false, false, false, 5, 134) //字体式样
    / position = (28%,3%) //在屏幕上的显示位置
</caption>
<textbox name> //姓名文本框
    / caption = "姓名:"
</textbox>
<radiobuttons gender> //性别单选框
    / caption = "性别:"
    / options = ("男","女") //备选项
    / orientation = horizontal //选项水平排列
</radiobuttons>
<radiobuttons major> //专业单选框
    / caption = "专业:"
```

```
    / options = ("文科","理科","工科")
    / other = "其他" //此项参数可以让被试自行输入合适的内容
</radiobuttons>
<dropdown grade> //年级下拉列表框
    / caption = "年级"
    / options = ("大一","大二","大三","大四")
</dropdown>
<checkboxes hobby> //业余爱好复选框
    / options = ("上网","购物","打球","看书")
    / other = "其他"
    / caption = "业余爱好"
</checkboxes>
<textbox job> //期望工作文本框
    / caption = "期望工作"
</textbox>
```

定义页面

```
<surveypage personalinformation> //个人信息页面
    / questions = [1 = title;2 = name;3 = gender;4 = major;5 = grade;6 = hobby;7 = job]
    / finishlabel = "提交" //按钮标签
</surveypage>
```

定义区组(Block)

```
<block personalinformation> //个人信息 block 对象
    / trials = [1 = personalinformation]
</block>
```

定义实验

```
<page result> //汇总页面
您填写的结果如下:^
<% textbox.name.response %>,<% radiobuttons.gender.response %>,您目前所学的专业为:
<% radiobuttons.major.response %>,现在为<% dropdown.grade.selectedvalue %>年级的学生。
~你的业余爱好有:<% checkboxes.hobby.response %>
~你希望将来从事的工作为:<% textbox.job.response %>
```

```
</page>
<expt> //实验对象
    / postinstructions = (result)
    / blocks = [1 = personalinformation]
</expt>
```
****

程序运行后的界面如图 6-2 所示。

图 6-2　程序 27 运行结果

6.6　数据对象属性

1. <data>属性

data.encrypt //数据文件如果加密则返回 1，否则返回 0

data.encryptionkey //数据文件加密的密码

data.file //返回数据文件文件名及路径

data.name //对象的名称(返回 data)

data.password //保存数据文件时,登录服务器等使用的密码

data.recorddata //是否保存数据，0 表示不保存，1 表示保存

data.typename //对象类型
data.userid //保存数据文件时,登录服务器等使用的用户名

习　题

1. 为什么在 6.3.2 的程序中试次对象 beeps 和 tips 的定义中设置值为 0 的 pretrialpause 属性?

2. 自编一段程序,试利用〈systembeep〉作为语音反馈信息(例如被试反应错误时,呈现一个高频音,正确时不呈现或呈现一个低频音)。

3. 在 6.3.2 的程序中,已经在默认参数设置〈defaults〉内设置了默认的屏幕颜色为黑色,为什么还要在指导语页面参数设置〈instruct〉中设置属性值没有变化的 screencolor 属性?

4. 试收集 6.3.2 中程序的实验数据,并分析似动现象产生的时间和空间条件。

5. 试编制启动效应类的研究中,用于测定觉察阈限的掩蔽时间间隔的实验程序。(注意:根据双阈限理论,主观觉察阈限和客观觉察阈限分别进行测试。)

6. 在 6.4.4 的测定数字记忆广度的程序中,仅仅添加了测定 5—9 位数字,请将剩余的 10—16 位数字的内容补充到程序中(注:计数器、文本、对象已经定义好),组成一个完整的实验,然后运行实验程序,并根据数字记忆方式的不同计算方法来计算你的数字记忆广度。

7. 在 6.4.4 的程序中,加入自定义变量 ttout 的作用是什么? 有什么好处? 定义计数器(counter)对象的目的是什么?

8. 试更改 6.4.4 程序中数字呈现的时间参数,考察其对数字记忆广度的影响。

9. 试修改 6.4.4 的程序,在每组数字的呈现之前,加入数字序列开始呈现的起始标记(注:程序中已经定义了注视点对象"X",即每组数字以 X 为起始标志)。

10. 在 6.4.4 的程序中的 answer 文本对象的定义,指定了 correctresponse 参数,其中是正确输入的答案,程序中指定正确答案的方式有什么样的缺陷?

11. 在 6.4.4 的程序中 spanofnum 的区组定义中 skip 语句的作用是什么? 其中加入的 surveypage.answer.errorstreak>2 的作用是什么?

12. 自拟一项调查,然后通过 Inquisit 完成调查的编制,并且能够根据被试的性别来完成不同内容的调查。

附录一 键盘各按键的扫描码

扫描码	键盘按键	扫描码	键盘按键	扫描码	键盘按键
1	Esc	29	Ctrl	57	Space
2	1	30	A	58	Caps
3	2	31	S	59	F1
4	3	32	D	60	F2
5	4	33	F	61	F3
6	5	34	G	62	F4
7	6	35	H	63	F5
8	7	36	J	64	F6
9	8	37	K	65	F7
10	9	38	L	66	F8
11	0	39	;	67	F9
12	—	40	'	68	F10
13	=	41	`	69	Num
14	bs	42	LShift	70	Scroll
15	Tab	43	\	71	Home (7)
16	Q	44	Z	72	Up (8)
17	W	45	X	73	PgUp (9)
18	E	46	C	74	—
19	R	47	V	75	Left (4)
20	T	48	B	76	Center (5)
21	Y	49	N	77	Right (6)
22	U	50	M	78	+
23	I	51	,	79	End (1)
24	O	52	.	80	Down (2)
25	P	53	/	81	PgDn (3)
26	[	54	RShift	82	Ins
27	]	55	PrtSc	83	Del
28	Enter	56	Alt		

附录二 鼠标按键的事件名称

事件名称	事件描述
lbuttondown	鼠标左键按下
lbuttonup	鼠标左键松开
lbuttondblclk	鼠标左键双击
rbuttondown	鼠标右键按下
rbuttonup	鼠标右键松开
rbuttondblclk	鼠标右键双击
mbuttondown	鼠标中央键按下
mbuttonup	鼠标中央键松开
mbuttondblclk	鼠标中央键双击

附录三　Inquisit 数学函数列表

函数名	功能描述	示例	结果
abs	参数的绝对值	abs(-1)	1
mod	两数相除后余数（小数部分）	mod(1.33, 1) mod(9, 4)	0.33 0.25
ipart	一浮点数的整数部分	ipart(3.14)	3
fpart	一浮点数的小数部分	fpart(3.14)	0.14
min	序列参数值中的最小值	min(0, 1, 2, 3) min(-100, -1000)	0 -1000
max	序列参数值中的最大值	max(0, 1, 2, 3) max(-100, -1000)	3 -100
pow	以第一个参数为基数，第二个参数为幂指数，返回计算结果，如 pow(3,2)相当于 3 的二次方	pow(3, 3) pow(10, 2)	27 100
sqrt	平方根	sqrt(4)	2
sin	正弦值（参数以弧度为单位）	sin(1.570796)	1
sinh	双曲正弦值（参数以弧度为单位）	sinh(1.570796)	2.301299
asin	反正弦函数		
cos	余弦函数	cos(1.570796)	0
cosh	双曲余弦函数	cosh(1.570796)	2.509178
acos	反余弦函数		
tan	正切函数	tan(0.785398)	1
tanh	双曲正切函数	tanh(1.000000)	0.761594
atan	反正切	atan(5.0)	1.373401
atan2	两个参数值相除后的反正切值	atan2(5.0 / 5.0)	0.99669
log	以 10 为底的对数值	log(9000.00)	9.104980
ln	以 e 为底的自然对数	ln(9000.00)	3.954243
exp	给定参数的指数值	exp(2.302585)	10.0
logn	以第二个参数为底的第一个参数的对数值		
round	四舍五入取整	round(1.49) round(1.50)	1 2
ceil	向上取整，即返回大于参数的最小整数	ceil(1.49) ceil(1.50)	2 2

续表

函数名	功能描述	示例	结果
floor	向下取整,即返回小于参数的最大整数	floor(1.49) floor(1.50)	1 1
deg	把弧度转换为角度		
rad	把角度转换为弧度		
rand	介于某个区间的随机数	rand(0,1) rand(0,100)	0.55678 97.12314

附录四 Inquisit 选择函数

函数名	功能描述	示例
noreplace	从一组对象中无重复地随机选择	noreplace(1, 2, 3, 4, 5, 6, 7, 8, 9, 10) noreplace(0, 2.5, 5, 7.5, 10)
noreplacecorrect	无重复地随机选择,但被试反应错误时,可重复选取该值	noreplacecorrrect(1, 2, 3, 4, 5, 6, 7, 8, 9, 10) noreplacecorrect(0, 2.5, 5, 7.5, 10)
noreplaceerror	无重复地随机选择,被试反应正确时,可重复选取该值	noreplaceerror(1, 2, 3, 4, 5, 6, 7, 8, 9, 10) noreplaceerror(0, 2.5, 5, 7.5, 10)
noreplacenorepeat	无重复地随机选择,且同一值不连续出现	noreplacenorepeat(10, 20, 30, 40, 50, 60, 70, 80, 90, 100) noreplacenorepeat(0, .3333333, .6666667, 1)
replace	从一组值中进行替换性随机选择	replace(10, 20, 30, 40, 50, 60, 70, 80, 90, 100) replace(0, .3333333, .6666667, 1)
replacenorepeat	可重复地随机选择但不会连续选中同一个值	replacenorepeat(10, 20, 30, 40, 50, 60, 70, 80, 90, 100) replacenorepeat(0, .3333333, .6666667, 1)
sequence	按照指定的顺序选取	sequence(10, 9, 8, 7, 6, 5, 4, 3, 2, 1) sequence(2, 4, 6, 8, 10)
getitem	获取指定索引处的条目	getitem(counter.deck, 1) getitem(text.titems, text.titems.itemcount) getitem(item.uitems, item.uitems.itemcount − 1)
setitem	将指定索引处的条目设定为某个值	setitem(counter.deck, values.currentcard, 10) setitem(text.pitems, text.targets.currentitem, text.pitems.itemcount) setitem(item.uitems, values.firstresponse, 1)
insert	在指定索引处插入某个值	insert(counter.deck, values.currentcard, 2) insert(text.pitems, text.targets.currentitem, 1) insert(item.uitems, values.firstresponse, 1)

续表

函数名	功能描述	示例
remove	移除指定索引处的条目	remove(counter.deck, 10) remove(text.pitems, text.pitems.itemcount) remove(item.uitems, item.uitems.itemcount - 1)
clear	清除所有的条目	clear(counter.deck) clear(text.response) clear(item.useritems)
reset	重置计数器,如果先前进行的是无重复性选择则将所有条目重置于备选槽;如果先前进行的是顺序选择,则选定第一个条目	reset(counter.odds) reset(picture.faces)

附录五 Inquisit 字符串函数

函数名	功能描述	示例	结果
tolower	转换为小写	tolower("TURNIPS") tolower("Sales@Server.Com")	turnips sales@server.com
toupper	转换为大写	toupper("turnips")	TURNIPS
capitalize	把单词的首字母转换为大写	capitalize("john") capitalize("bill gates") capitalize(tolower("dIET cOKE"))	John Bill Gates Diet Coke
concat	连接两个字符串	concat("basket","ball") concat(concat("United"," "),"States")	basketball United States
search	从字符串中查找指定内容，返回在字符串1中的被查找字符串的首个起始位置，如果没找到，则返回-1	search("benjamin","ben") search("benjamin","benji") search("benjamin","jamin")	0 -1 3
replaceall	使用参数3的值替换参数1中所有的与参数2相同的内容	replaceall("Hello %name%","%name%","Julia") replaceall("old old old","old","new")	Hello Julia new new new
contains	返回字符串1中是否包含字符串2	contains("sales@server.com","@") containst("http://www.millisecond.com","@")	true false
startswith	返回字符串1中是否以字符串2作为起始内容	startswith("http://www.millisecond.com","http://") startswith("Four score and seven years ago"," ")	true false
endswith	返回字符串1是否以字符串2作为结尾	endswith("All's well that ends well.",".") endswith("Why did the chicken cross the road","?")	true false
substring	返回参数1中以参数2为起始值，以参数3为指定长度的子字符串	substring("www.millisecond.com",4,11)	millisecond
trim	去除字符串1中首尾的字符2中的内容	trim("hello"," ")	hello

续表

函数名	功能描述	示例	结果
trimright	从右侧去除字符串1中的字符串2中的内容	trimright("Get into the chopper!", "!?.")	Get into the chopper
trimleft	从左侧去除字符串1中的字符串2中的内容	trimleft("$1.00", "$"))	1.00
length	返回字符串的长度(即包含多少个字符)	length("123") length("54321")	3 5
format	格式化字符串	format("You have %i points", 16) format("%.2f", 3.14159265)	You have 16 points 3.14
evaluate	计算合法的字符型数学表达式的结果	evaluate("(1 + 6) * 5") evaluate(text. ms. currentitem) — evaluate(text. ms. currentitem)	35 0

附录六 Inquisit 统计函数

函数名	功能描述	示例
correctcount	当前区组被试正确反应次数	correctcount(trial.targeta, trial.targetb, trial.targetc)
count	当前区组中执行的条目数	count(trial.foo, trial.bar, trial.foobar)
errorcount	当前区组中被试错误反应次数	errorcount(trial.red, trial.green, trial.blue)
inwindowcount	当前区组中被试的反应时在指定时间窗内的次数	inwindowcount(trial.category1, trial.category2)
maxlatency	当前区组中被试最长的反应时	maxlatency(trial.leftlow, trial.lefthigh, trial.leftmid)
meanlatency	当前区组中被试平均反应时	meanlatency(trial.leftlow, trial.lefthigh, trial.leftmid)
minlatency	当前区组中被试最短的反应时	minlatency(trial.leftlow, trial.lefthigh, trial.leftmid)
notinwindowcount	当前区组中介于时间窗之外的被试反应时次数	notinwindowcount(trial.category1, trial.category2)
percentcorrect	当前区组中被试正确反应的百分比	percentcorrect(trial.stroopredred, trial.stroopgreengreen, trial.stroopyellowyellow, trial.stroopblueblue)
sdlatency	当前区组中被试反应时的标准差	sdlatency(trial.leftlow, trial.lefthigh, trial.leftmid)
sumlatency	当前区组中被试反应时总和	sumlatency(trial.leftlow, trial.lefthigh, trial.leftmid)
selectedcount	条目库中被选中的条目数	selectedcount(item.targets, item.distractors)
totalcorrectcount	被试正确反应的总次数	totalcorrectcount(trial.critical, trial.test)
totalcount	目前运行的条目总次数	totalcount(trial.soa100, trial.soa300, trial.soa500)
totalerrorcount	所有错误反应的次数	totalerrorcount(trial.critical, trial.test)
totalinwindowcount	所有在指定时间窗内的反应时次数	totalinwindowcount(trial.congruent, trial.incongruent, trial.neutral)
totalmaxlatency	所有反应时中的最大值	totalmaxlatency(trial.leftlow, trial.lefthigh, trial.leftmid)

续表

函数名	功能描述	示例
totalmeanlatency	所有反应时的平均值	totalmeanlatency(trial.leftlow, trial.lefthigh, trial.leftmid)
totalminlatency	所有反应时中的最小值	totalminlatency(trial.leftlow, trial.lefthigh, trial.leftmid)
totalnotinwindowcount	所有介于时间窗之外的反应时次数	totalnotinwindowcount(trial.congruent, trial.incongruent, trial.neutral)
totalpercentcorrect	正确反应所占百分比	totalpercentcorrect(trial.bigtargeta, trial.bigtargetb, trialbigtargetc)
totalpercentinwindow	反应时介于时间窗内的次数的百分比	totalpercentinwindow(trial.congruent, trial.incongruent, trial.neutral)
totalsdlatency	所有反应时的标准差	totalsdlatency(block.critical1, block.critical2)
totalsumlatency	所有反应时之和	totalsumlatency(trial.leftlow, trial.lefthigh, trial.leftmid)
totaltrialcount	所有的试次数	totaltrialcount(block.training1, block.training2)
totalvarlatency	反应时的方差	totalvarlatency(trial.leftlow, trial.lefthigh, trial.leftmid)
trialcount	当前区组的试次次数	trialcount(trial.congruent, trial.incongruent)
unselectedcount	条目库中未被选择的条目数	unselectedcount(picture.target1, picture.target2, picture.target3)
varlatency	当前区组中反应时的方差	varatency(trial.leftlow, trial.lefthigh, trial.leftmid)

附录七　Inquisit 中的常量

名称	描述	值
m_e	自然数(e)	2.71828182845904523536
m_log2e	以 2 为底 e 的对数	1.44269504088896340736
m_log10e	以 10 为底 e 的对数	0.43429448190325182765l
m_ln2	2 的自然对数	0.69314718055994530941 7
m_ln10	10 的自然对数	2.30258509299404568402
m_pi	圆周率	3.14159265358979323846
m_pi_2	二分之一圆周率	1.57079632679489661923
m_pi_4	四分之一圆周率	0.78539816339744830961 6
m_1_pi	圆周率的倒数	0.31830988618379067l538
m_2_pi	$2/\pi$	0.63661977236758134307 6
m_2_sqrtpi	2 的平方根	1.12837916709551257390
true	逻辑真	1
false	逻辑假	0

附录八　Inquisit 数学运算符

运算符	描述	示例
＋	数值相加或字符串相连	trial.condition1.correctcount＋trial.condition2.correctcount values.firstscore＋values.secondscore response.rw.windowcenter＋500
－	数值相减	100-trial.mytrial.percentcorrect block.incompat.meanlatency-block.compat.meanlatency
＊	数值相乘	trial.test.correctcount ＊ 5 trial.test.trialcount ＊ trial.test.meanlatency
/	数值相除	trial.mytrial.percentcorrect / 100 block.myblock.sumlatency / block.myblock.trialcount

附录九　Inquisit 比较运算符

运算符	描述	示例
==	相等判断,返回逻辑值(true 或 false)	trial.iat.trialcount==100 block.compat.percentcorrect==0 trial.foo.correct==1
!=	不等判断,返回逻辑值(true 或 false)	trial.iat.trialcount!=1 block.compat.percentcorrect!=100 response.rw.windowcenter!=0
<	小于判断,返回逻辑值(true 或 false)	trial.iat.trialcount<25 block.compat.percentcorrect<100 trial.test.latency<500
<=	小于等于判断,返回逻辑值(true 或 false)	trial.iat.trialcount<=25 block.compat.percentcorrect<=100 trial.test.latency<=500
>	大于判断,返回逻辑值(true 或 false)	trial.iat.currenttrialnumber>25 block.compat.percentcorrect>50 trial.test.latency>500
>=	大于等于判断,返回逻辑值(true 或 false)	trial.iat.currenttrialnumber>=25 block.compat.percentcorrect>=50 trial.test.latency>=500

附录十 Inquisit 赋值运算符

运算符	描述	示例
=	将右侧的值(可以是数学表达式)赋给左侧的参数	items.targets.item.1=trial.gettargets.response response.rw.windowcenter=response.rw.windowcenter-100 values.score=trial.game.correctcount * 5

附录十一 Inquisit 逻辑运算符

运算符	描述	示例
&&	逻辑"与"。只有当左右两侧的逻辑表达式为真时,才返回真;否则返回假	if (block.test1.percentcorrect==100 && block.test2.percentcorrect==100) values.perfectscore=true if (block.test.percentcorrect〈70 && block.test.medianlatency〉500) response.rw.windowcenter=600
||	逻辑"或",左右两侧只要有一个为真,则返回真;只有两侧都为假时,才返回假	if (block.test1.percentcorrect〈100 || block.test2.percentcorrect〈100) values.perfectscore=false if (trial.test.latency〈100 || trial.test.latency〉1000) values.discard=true
!	逻辑"非"或取反,如果!后的逻辑值为真,则取反后为假;如果为假,则取反后为真	values.imperfect=! values.perfect

附录十二　Inquisit 条件语句

条件语句	描述	示例

if （expression1） expression2
 	
if （expression1） expression2 else expression3
	当 if 后面的条件表达式为真时,则执行其后的操作;否则执行 else 后的操作	if (block.test1.percentcorrect==100 && block.test2.percentcorrect==100) values.perfectscore=true
		if (block.test.percentcorrect<70 && block.test.medianlatency>500) response.rw.windowcenter=600
		if (block.test1.percentcorrect<100 || block.test2.percentcorrect<100) values.perfectscore=false else values.perfectscore=true

附录十三 预定义颜色名及相关属性

中文颜色名	英文颜色名	属性值	RGB 值
白色	White	16777215	(255,255,255)
黑色	Black	0	(0,0,0)
红色	Red	255	(255,0,0)
绿色/酸橙色	Green/lime	65280	(0,255,0)
蓝色	Blue	16711680	(0,0,255)
亮天蓝色	Lightskyblue	16436871	(135,206,250)
黄色	Yellow	65535	(255,255,0)
灰色/亮灰色	Grey/Gray/Lightgray/Lightgrey	13882323	(211,211,211)
暗灰色	Darkgray	11119017	(169,169,169)
淡黄色	Lightyellow	14745599	(255,255,224)
青色/浅绿色	Cyan/Aqua	16776960	(0,255,255)
粉红色	Pink	13353215	(255,192,203)
褐色	Brown	2763429	(165,42,42)
紫色	Purple	8388736	(128,0,128)
橙色/红橙色	Orange/Orangered	42495	(255,165,0)
紫罗兰色	Violet	15631086	(238,130,238)
淡紫色	Orchid	14053594	(218,112,214)
艾利斯蓝	Aliceblue	16775408	(240,248,255)
天蓝色	Azure	16777200	(240,255,255)
白杏色	Blanchedalmond	13495295	(255,235,205)
实木色	Burlywood	8894686	(222,184,138)
珊瑚色	Coral	5275647	(255,128,80)
暗橄榄绿	Darkolivegreen	3107669	(85,107,47)
暗肉色	Darksalmon	8034025	(233,150,122)
暗宝石绿	Darkturquoise	13749760	(0,206,209)
暗灰	Dimgray	6908265	(105,105,105)
森林绿	Forestgreen	2263842	(34,139,34)
金色	Gold	55295	(255,215,0)
黄绿色	Greenyellow	3145645	(173,255,47)
靛青色	Indigo	8519755	(75,0,130)
薰衣草色	Lavenderblush	16118015	(255,240,255)

附录十三 预定义颜色名及相关属性

亮珊瑚色	Lightcoral	8421616	(240,128,128)
粟色	Maroon	128	(128,0,0)
间紫色	Mediumpurple	14184595	(147,112,216)
间绿宝石	Mediumturquoise	13387985	(209,72,204)
浅玫瑰色	Mistyrose	14804223	(255,228,255)
老花色	Oldlace	15136253	(253,245,230)
苍宝石绿	Paleturquoise	15658671	(175,238,238)
秘鲁色	Peru	4163021	(205,133,63)
重褐色	Saddlebrown	1262987	(139,69,19)
海贝色	Seashell	15660543	(255,245,238)
石蓝色	Slateblue	13458026	(106,90,205)
钢蓝色	Steelblue	11829830	(70,130,180)
西红柿色	Tomato	4678655	(255,99,71)
烟白色	Whitesmoke	16119285	(245,245,245)
青绿色	Turquoise	13688896	(64,224,208)
茶色	Tan	9221330	(210,180,140)
灰石色	Slategray	9470064	(112,128,144)
赭色	Sienna	2970272	(160,82,45)
鲜肉色	Salmon	7504122	(250,128,114)
苍紫罗兰色	Palevioletred	9662680	(216,112,147)
橄榄色	Olive	32896	(128,128,0)
鹿皮色	Moccasin	11920639	(255,228,181)
间紫罗兰色	Mediumvioletred	8721863	(199,21,133)
间海蓝	Mediumseagreen	7451452	(60,179,113)
间绿色	Mediumaquamarine	1193702	(102,205,170)
橙绿色	Limegreen	3329330	(50,205,50)
亮蓝灰	Lightslategray	10061943	(119,136,153)
亮粉红色	Lightpink	12695295	(255,182,193)
亮青色	Lightcyan	16777184	(224,255,255)
草绿色	Lawngreen	64636	(124,252,0)
象牙色	Ivory	15794175	(255,255,240)
蜜色	Honeydew	15794160	(240,255,240)
金麒麟色	Goldenrod	2139610	(218,165,32)
紫红色	Fuchsia	16711935	(255,0,255)
闪蓝色	Dodgerblue	16748574	(30,144,255)
暗紫罗兰色	Darkviolet	13828244	(148,0,211)
暗海蓝色	Darkseagreen	9419919	(143,188,143)

中文名	英文名	数值	RGB
暗桔黄色	Darkorange	36095	(255,140,0)
暗绿色	Darkgreen	25600	(0,100,0)
暗蓝色	Darkblue	9109504	(0,0,139)
菊蓝色	Cornflowerblue	15570276	(100,149,237)
军蓝色	Cadetblue	10526303	(95,158,160)
米色	Beige	14480885	(245,245,220)
古董白	Antiquewhite	14150650	(250,235,215)
桔黄色	Bisque	12903679	(255,228,196)
紫罗兰色	Blueviolet	14822282	(138,43,226)
黄绿色	Chartreuse	65407	(127,255,0)
米绸色	Cornsilk	14481663	(255,248,220)
暗青色	Darkcyan	9145088	(0,139,139)
暗黄褐色	Darkkhaki	7059389	(189,183,107)
暗紫色	Darkorchid	13382297	(153,50,204)
暗灰绿色	Darkslateblue	9125192	(72,61,139)
深粉红色	Deeppink	9639167	(255,20,147)
砖红色	Firebrick	2237106	(178,34,34)
浅灰色	Gainsboro	14474460	(220,220,220)
艳粉色	Hotpink	11823615	(255,105,180)
黄褐色	Khaki	9234160	(240,230,140)
柠檬绸色	Lemonchiffon	13499135	(255,250,205)
亮金黄色	Lightgoldenrodyellow	13826810	(250,250,210)
亮肉色	Lightsalmon	8036607	(255,160,122)
亮钢蓝色	Lightsteelblue	14599344	(176,196,222)
亚麻色	Linen	15134970	(250,240,230)
间蓝色	Mediumblue	13434880	(0,0,205)
间暗蓝色	Mediumslateblue	15624315	(123,104,238)
中灰蓝色	Midnightblue	7346457	(25,25,112)
纳瓦白	Navajowhite	11394815	(255,222,173)
深绿褐色	Olivedrab	2330219	(107,142,35)
苍麒麟色	Palegoldenrod	11200750	(238,232,170)
番木色	Papayawhip	14024687	(239,255,213)
洋李色	Plum	14524637	(221,160,221)
褐玫瑰红	Rosybrown	9408444	(188,143,143)
沙褐色	Sandybrown	6333684	(244,164,96)
银色	Silver	12632256	(192,192,192)
雪白色	Snow	16448255	(255,250,250)

中文名	英文名	数值	RGB
水鸭色	Teal	8421376	(0,128,128)
黄绿色	Yellowgreen	3329434	(154,205,50)
浅黄色	Wheat	11788021	(245,222,179)
蓟色	Thistle	14204888	(216,191,216)
春绿色	Springgreen	8388352	(0,255,127)
天蓝色	Skyblue	15453831	(135,206,235)
海绿色	Seagreen	5737262	(46,139,87)
皇家蓝	Royalblue	14772545	(65,105,225)
粉蓝色	Powderblue	15130800	(176,224,230)
桃色	Peachpuff	12180223	(255,218,185)
苍绿色	Palegreen	10025880	(152,251,152)
海军色	Navy	8388608	(0,0,128)
薄荷色	Mintcream	16449525	(245,255,250)
间春绿色	Mediumspringgreen	10156544	(0,250,154)
间紫色	Mediumorchid	13850042	(186,85,211)
红紫色	Magenta	16711935	(255,0,255)
亮海蓝色	Lightseagreen	2142890	(170,178,32)
亮绿色	Lightgreen	9498256	(144,238,144)
亮蓝色	Lightblue	15128749	(173,216,230)
淡紫色	Lavender	16443110	(230,230,250)
印第安红	Indianred	6053069	(205,92,92)
幽灵白	Ghostwhite	16775416	(248,248,255)
花白色	Floralwhite	15792895	(255,250,240)
深天蓝色	Deepskyblue	16760576	(0,191,255)
墨绿色	Darkslategray	5197615	(47,79,79)
暗红色	Darkred	139	(139,0,0)
暗洋红	Darkmagenta	9109643	(139,0,139)
暗金黄色	Darkgoldenrod	755384	(184,134,11)
暗深红色	Crimson	3937500	(220,20,60)
巧克力色	Chocolate	1993170	(210,105,30)
碧绿色	Aquamarine	13959039	(127,255,212)

附录十四　附带文件说明

程 序 文 件

- Exp1.exp：默认指导语
- Exp2.exp：定制指导语
- Exp3.exp：自定义指导语
- Exp4.exp：网页型指导语，相关文件为 intro.htm 和 gl.gif
- Exp5.exp：奇偶判断
- Exp6.exp：加入注视点和反馈
- Exp7.exp：心理旋转，相关图片文件为 N0.jpg、N60.jpg、N120.jpg、N180.jpg、N240.jpg 和 N300.jpg；M0.jpg、M60.jpg、M120.jpg、M180.jpg、M240.jpg 和 M300.jpg
- Exp8.exp 和 Exp9.exp：部分报告法，相关音频文件为
- Exp10.exp：Stroop 效应（颜色命名）
- Exp11.exp：变化视盲，相关视频文件为 Airplane.mov、Chopper&Truck.mov、Corner.mov、Dinner.mov、Farm.mov、Harborside.mov、Market.mov、Money.mov、Sailboats.mov 和 Tourists.mov
- Exp12.exp 和 Exp13.exp：外在情感性西蒙任务
- Exp14.exp：内隐联想测验，相关图片文件为 Flower1.jpg—Flower8.jpg 和 Insect1.jpg—Insect8.jpg
- Exp15.exp：部分报告法
- Exp16.exp：心算速算
- Exp17.exp：再认实验
- Exp18.exp、Exp18_0.exp、Exp18_1.exp 和 Exp18_2.exp：储存负荷对短时记忆的影响
- Exp19.exp：时间估计
- Exp20.exp：自尊量表
- Exp21.exp：自由联想测验，相关图片文件为 free1.jpg—free5.jpg
- Exp22.exp：对偶联合回忆
- Exp23.exp：找茬，相关图片文件为 c1.jpg、c1'.jpg、c1a.jpg 等

- Exp24.exp：威斯康星卡片分类测验
- visualsearch.iqx：视觉搜索
- circleclock：动画时钟
- Exp25.exp：外来务工人员生活状况调查
- Exp26.exp：自尊测验
- Exp27.exp：城市喜好调查，相关图片文件为 beijing.jpg、shanghai.jpg、qingdao.jpg、guangzhou.jpg、suzhou.jpg、hangzhou.jpg 和 xian.jpg
- Exp28.exp：系统信息显示
- Exp29.exp：听觉选择反应时
- Exp30.exp 和 Exp31.exp：似动现象
- Exp32.exp：数字记忆广度
- Exp33.exp：个人信息调查表
- XDAT_test.exp：向 ASL 眼动仪传递数据
- Asl_SerialOut.exp：接收 ASL 眼动仪数据，相关图片文件为 kitten1.jpg—kitten5.jpg 和 puppy1.jpg—puppy5.jpg
- SternbergMemoryTask.exp：斯腾伯格短时记忆信息提取

图 片 文 件

- Gl.gif：动画 GIF 文件：用于网页文件 intro.htm
- N0.jpg、N60.jpg、N120.jpg、N180.jpg、N240.jpg 和 N300.jpg：用于心理旋转实验
- M0.jpg、M60.jpg、M120.jpg、M180.jpg、M240.jpg 和 M300.jpg：用于心理旋转实验
- Flower1.jpg—Flower8.jpg：用于内隐联想测验
- Insect1.jpg—Insect8.jpg：用于内隐联想测验
- Free1.jpg—Free5.jpg：用于自由联想测验
- c1.jpg、c1'.jpg、c1a.jpg：用于找茬
- c2.jpg、c2'.jpg、c2a.jpg：用于找茬
- c3.jpg、c3'.jpg、c3a.jpg：用于找茬
- c4.jpg、c4'.jpg、c4a.jpg：用于找茬
- c5.jpg、c5'.jpg、c5a.jpg：用于找茬
- c6.jpg、c6'.jpg：用于找茬
- c7.jpg、c7'.jpg：用于找茬
- c8.jpg、c8'.jpg：用于找茬

- c9.jpg、c9'.jpg：用于找茬
- c10.jpg、c10'.jpg：用于找茬
- BlueTriangle4.jpg：用于威斯康星卡片分类测验
- BlueTriangle2.jpg：用于威斯康星卡片分类测验
- BlueCircle4.jpg：用于威斯康星卡片分类测验
- GreenTriangle1.jpg：用于威斯康星卡片分类测验
- GreenStar4.jpg：用于威斯康星卡片分类测验
- GreenStar2.jpg：用于威斯康星卡片分类测验
- GreenCross4.jpg：用于威斯康星卡片分类测验
- RedCircle1.jpg：用于威斯康星卡片分类测验
- RedCross4.jpg：用于威斯康星卡片分类测验
- RedCircle3.jpg：用于威斯康星卡片分类测验
- RedTriangle1.jpg：用于威斯康星卡片分类测验
- YellowCross3.jpg：用于威斯康星卡片分类测验
- YellowCross1.jpg：用于威斯康星卡片分类测验
- YellowCircle2.jpg：用于威斯康星卡片分类测验
- logo.jpg：用于外来务工人员生活状况调查中的标志
- beijing.jpg：用于城市喜好调查
- shanghai.jpg：用于城市喜好调查
- qingdao.jpg：用于城市喜好调查
- guangzhou.jpg：用于城市喜好调查
- suzhou.jpg：用于城市喜好调查
- hangzhou.jpg：用于城市喜好调查
- xian.jpg：用于城市喜好调查
- kitten1.jpg—kitten5.jpg：用于接收 ASL 眼动仪数据
- puppy1.jpg—puppy5.jpg：用于接收 ASL 眼动仪数据

视 频 文 件

- Airplane.mov：用于变化视盲
- Chopper&Truck.mov：用于变化视盲
- Corner.mov：用于变化视盲
- Dinner.mov：用于变化视盲
- Farm.mov：用于变化视盲
- Harborside.mov：用于变化视盲

- Market.mov：用于变化视盲
- Money.mov：用于变化视盲
- Sailboats.mov：用于变化视盲
- Tourists.mov：用于变化视盲

音 频 文 件

- Low.wav：用于部分报告法
- Middle.wav：用于部分报告法
- High.wav：用于部分报告法

其 他 文 件

- Intro.htm：网页文件，用于 exp4.exp
- Mscsrgpcl.exe：位于 SpeechSetup 目录下，语音应用程序编程的接口
- Spchapi.exe：位于 SpeechSetup 目录下，语音识别引擎
- Inquisit 3.exe：Inquisit 实验程序
- Inquisit 3.msi：Inquisit 安装程序包
- Inquisit_4030.exe：Inquisit 实验程序
- InquisitWin32.msi：Inquisit 安装程序包
- InquisitX64.msi：Inquisit 安装程序包

参 考 文 献

[1] http://www.millisecond.com/download/samples/[2009-1-3]
[2] 杨博民等.心理实验纲要.北京：北京大学出版社,1989.
[3] 郭秀艳.实验心理学.北京：人民教育出版社,2004.
[4] 汪向东,王希林,马弘.心理卫生评定量表手册(增订版).中国心理卫生杂志,1999,增刊.
[5] 丁贵广.ASP 编程基础与实例.北京：机械工业出版社,2003.
[6] 王甦,汪安圣.认知心理学.北京：北京大学出版社,1992.
[7] 黄希庭.心理学实验指导.北京：人民教育出版社,1987.
[8] 邓铸.应用实验心理学.上海：上海教育出版社,2006.
[9] 朱滢.实验心理学.北京：北京大学出版社,2000.
[10] 王重鸣.心理学研究方法.北京：人民教育出版社,1990.
[11] 金志成,何艳茹.心理学实验设计及其数据处理.广州：广东高等教育出版社,2002.
[12] 孟庆茂,常建华.实验心理学.北京：北京师范大学出版社,1999.
[13] 黄希庭.心理学导论.北京：人民教育出版社,1991.
[14] Roger R. Hock.改变心理学的 40 项研究：探索心理学研究的历史(影印版).北京：中国轻工业出版社,2004.
[15] 彭聃龄.普通心理学.北京：北京师范大学出版社,1988.
[16] 舒华.心理与教育研究中的多因素实验设计.北京：北京师范大学出版社,1994.
[17] 张厚粲,徐建平.现代心理与教育统计学.北京：北京师范大学出版社,2003.
[18] 郭秀艳.实验心理学.北京：人民卫生出版社,2007.
[19] 冯成志,贾凤芹.社会科学统计软件 SPSS 教程.北京：清华大学出版社,2009.
[20] 冯成志.PSYCHTOOLBOX 工具箱及 MATLAB 编程实例.北京：电子工业出版社,2013 年.